★★★★★

世界王牌武器入门之

突击步枪

ASSAULT RIFLE

军情视点 编

化学工业出版社
·北京·

本书精心选取了世界各国研制的近200种突击步枪，涵盖范围多达数十个国家。书中对每种突击步枪均以简洁精练的文字介绍了其制造历史、作战性能以及装备情况等方面的知识。为了增强阅读趣味性，并加深读者对突击步枪的认识，还专门介绍了突击步枪在一些电影作品中的登场表现。

本书内容结构严谨、分析讲解透彻，图片精美丰富，不仅带领读者熟悉手枪发展历程，而且还可以了解手枪的结构性能等，特别适合作为广大军事爱好者的参考资料和青少年朋友的入门读物。

图书在版编目(CIP)数据

世界王牌武器入门之突击步枪 / 军情视点编. —北京：化学工业出版社，2018.8（2023.1重印）
ISBN 978-7-122-32388-0

Ⅰ. ①世… Ⅱ. ①军… Ⅲ. ①步枪-介绍-世界 Ⅳ. ①E922.12

中国版本图书馆CIP数据核字（2018）第127513号

责任编辑：徐　娟　　　　装帧设计：中海盛嘉
责任校对：王素芹　　　　封面设计：刘丽华

出版发行：化学工业出版社(北京市东城区青年湖南街13号　邮政编码100011)
印　　装：中煤（北京）印务有限公司
787mm×1092mm　1/16　印张 6 1/2　字数 200千字　2023年1月北京第1版第3次印刷

购书咨询：010-64518888　　　　售后服务：010-64518899
网　　址：http://www.cip.com.cn

定　　价：45.80元　　

前 言

第一次世界大战中，步枪是远距离最有效、威力最大的单兵作战武器，这期间曾出现了大量性能优越的步枪，例如德国的Gew98步枪等。之后，由于新型战术——堑壕战的出现，一种用于在狭小空间作战的武器应运而生，它便是冲锋枪。但是步枪和冲锋枪各有利弊，为将它们的优点集于一体，突击步枪开始出现。突击步枪在第二次世界大战中崭露头角，然后在各领域技术的支持下开始越来越现代化。

在各类现代枪械中，突击步枪是起步较晚的一种，但其发展速度却非常迅速。经过70余年的发展，世界各国研制了大量的突击步枪，有的突击步枪凭借优异的作战性能在世界范围内广泛流传，而有的突击步枪则被现实无情地淘汰。在近战杀伤敌方有生力量时，突击步枪可以形成很大的火力密度，在战斗中发挥着巨大的作用。

本书精心选取了世界各国研制的近200种突击步枪，涵盖范围多达数十个国家。书中对每种突击步枪均以简洁精练的文字介绍了制造历史、作战性能以及装备情况等方面的知识。为了增强阅读趣味性，并加深读者对突击步枪的认识，还专门介绍了突击步枪在一些电影作品中的登场表现。

作为传播军事知识的科普读物，最重要的就是内容的准确性。本书的相关数据资料均来源于国外知名军事媒体和军工企业官方网站等权威途径，坚决杜绝抄袭拼凑和粗制滥造。在确保准确性的同时，我们还着力增加趣味性和观赏性，尽量做到将复杂的理论知识用简明的语言加以说明，并添加了大量精美的图片。

参加本书编写的有丁念阳、黎勇、王安红、邹鲜、李庆、王楷、黄萍、蓝兵、吴璐、阳晓瑜、余凑巧、余快、任梅、樊凡、卢强、席国忠、席学琼、程小凤、许洪斌、刘健、王勇、黎绍美、刘冬梅、彭光华、杨淼淼、祝如林、杨晓峰、张明芳、易小妹等。在编写过程中，国内多位军事专家对全书内容进行了严格的筛选和审校，使本书更具专业性和权威性，在此一并表示感谢。

由于时间仓促，加之军事资料来源的局限性，书中难免存在疏漏之处，敬请广大读者批评指正。

编者

2018年3月

CONTENTS

目　录

第 1 章　突击步枪概述 …… 001

突击步枪的历史 / 002

突击步枪的基本特点 / 005

第 2 章　美国突击步枪入门 …… 007

美国 AR-15 突击步枪 / 008

美国 AR-18 突击步枪 / 009

美国 M16 突击步枪 / 010

美国柯尔特 CM901 步枪 / 011

美国巴雷特 REC7 突击步枪 / 012

美国 AAC“蜜獾”式 PDW 突击步枪 / 013

美国 AKU-94 突击步枪 / 014

美国 LR-300 突击步枪 / 015

美国 LWRC M6 突击步枪 / 015

美国雷明顿 ACR 突击步枪 / 016

美国 XCR 突击步枪 / 017

美国 SR-47 突击步枪 / 017

美国斯通纳 63 突击步枪 / 018

第 3 章　苏联 / 俄罗斯突击步枪入门 … 019

苏联 TKB-011 突击步枪 / 020

苏联 TKB-022 突击步枪 / 020

苏联 TKB-059 突击步枪 / 020

苏联 TKB-408 突击步枪 / 021

苏联 TKB-517 突击步枪 / 021

苏联 AG-043 突击步枪 / 022

苏联 AO-63 双管突击步枪 / 022

苏联 / 俄罗斯 AK-47 突击步枪 / 023

苏联 / 俄罗斯 AK-74 突击步枪 / 024

苏联 / 俄罗斯 AKS-74U 突击步枪 / 025

苏联 / 俄罗斯 AK-74M 突击步枪 / 026

苏联 / 俄罗斯 AKS-74 突击步枪 / 026

苏联 / 俄罗斯 AKM 突击步枪 / 027

苏联 / 俄罗斯 AEK-971 突击步枪 / 027

苏联 / 俄罗斯 APS 水下突击步枪 / 028

苏联 / 俄罗斯 AS Val 消音突击步枪 / 029

俄罗斯 ASM-DT 两栖突击步枪 / 030

俄罗斯 AK-9 突击步枪 / 030

俄罗斯 A-91 突击步枪 / 031
俄罗斯 9A-91 突击步枪 / 031
俄罗斯 AK-101 突击步枪 / 031
俄罗斯 AK-102 突击步枪 / 032
俄罗斯 AK-103 突击步枪 / 032
俄罗斯 AK-104 突击步枪 / 033
俄罗斯 AK-105 突击步枪 / 033
俄罗斯 AK-107 突击步枪 / 034
俄罗斯 AK-12 突击步枪 / 034
俄罗斯 AN-94 突击步枪 / 035
俄罗斯 ASh-12.7 突击步枪 / 036
俄罗斯 OTs-12 突击步枪 / 036
俄罗斯 OTs-14 突击步枪 / 037
俄罗斯 SR-3“旋风”突击步枪 / 038

第 4 章 德国突击步枪入门 …… 039

德国 StG44 突击步枪 / 040
德国 StG45 突击步枪 / 041
德国 StG940 突击步枪 / 041
德国 Spz-kr 突击步枪 / 041
德国 HK G11 突击步枪 / 042
德国 HK G36 突击步枪 / 043
德国 HK G41 突击步枪 / 044
德国 HK33 突击步枪 / 044
德国 HK416 突击步枪 / 045
德国 HK433 突击步枪 / 046
德国 HK XM8 突击步枪 / 046

第 5 章 比利时突击步枪入门 …… 047

比利时 FN CAL 突击步枪 / 048
比利时 FN FNC 突击步枪 / 048
比利时 FN F2000 突击步枪 / 049
比利时 FN SCAR 突击步枪 / 050

第 6 章 其他国家突击步枪入门 …… 051

英国 SA80 突击步枪 / 052
英国 EM-2 突击步枪 / 052
法国 FAMAS 突击步枪 / 053
法国 FAMAS F1 突击步枪 / 054
法国 FAMAS G1 突击步枪 / 054
法国 FAMAS G2 突击步枪 / 054
以色列 TAR-21 突击步枪 / 055
以色列加利尔突击步枪 / 056
以色列加利尔 ACE 突击步枪 / 057
以色列 X95 突击步枪 / 057
奥地利斯泰尔 AUG 突击步枪 / 058
奥地利斯泰尔 AUG A1 突击步枪 / 059
奥地利斯泰尔 AUG A2 突击步枪 / 059
奥地利斯泰尔 AUG A3 突击步枪 / 060
奥地利斯泰尔 ACR 突击步枪 / 060
瑞士 SIG SG 516 突击步枪 / 061
瑞士 SIG SG 540 突击步枪 / 061
瑞士 SIG SG 550 突击步枪 / 062
瑞士 SIG SG 556 突击步枪 / 063
瑞士 SIG M400 突击步枪 / 063
瑞士 SIG MCX 突击步枪 / 064

巴西 IMBEL IA2 突击步枪 / 064
巴西 LAPA FA-03 突击步枪 / 065
巴西 IMBEL MD-2 突击步枪 / 065
巴西 IMBEL MD-97 突击步枪 / 066
罗马尼亚 PA md. 86 突击步枪 / 066
罗马尼亚 PM md. 63 突击步枪 / 067
南非 R4 突击步枪 / 067
南非 CR-21 突击步枪 / 068
韩国 K2 突击步枪 / 068
韩国 DAR-21 突击步枪 / 069
新加坡 SAR 21 突击步枪 / 069
新加坡 SAR 80 突击步枪 / 070
亚美尼亚 K3 突击步枪 / 070
亚美尼亚“护盾”突击步枪 / 071
乌克兰 Fort-221 突击步枪 / 071
乌克兰 Fort-224 突击步枪 / 072
乌克兰 Vepr 突击步枪 / 072
捷克斯洛伐克 / 捷克 Vz. 58 突击步枪 / 073
捷克 CZ-805“布伦”突击步枪 / 073
波兰 Wz. 1988“钽”式突击步枪 / 074
波兰 Wz. 1996“铍”式突击步枪 / 074
波兰 Wz. 2005 突击步枪 / 074
波兰 MSBS Radon 突击步枪 / 075
塞尔维亚 Zastava M21 突击步枪 / 076
塞尔维亚 ZastavaM70 突击步枪 / 076
保加利亚 Bakalov 突击步枪 / 077
保加利亚 AR-M7F 突击步枪 / 077
意大利伯莱塔 AR70/90 突击步枪 / 078
意大利伯莱塔 ARX-160 突击步枪 / 078
克罗地亚 VHS 突击步枪 / 079
克罗地亚 APS-95 突击步枪 / 079
瑞典 AK-5 突击步枪 / 079
秘鲁 SC-2005 突击步枪 / 080
匈牙利 AMD-65 突击步枪 / 081
匈牙利 AK-63 突击步枪 / 081
加拿大 C7 突击步枪 / 082
西班牙 CETME 突击步枪 / 082
阿根廷 FARA-83 突击步枪 / 083
墨西哥 FX-05 突击步枪 / 083
芬兰 Rk 62 突击步枪 / 084
芬兰 Rk 76 突击步枪 / 084
芬兰 Rk 95 TP 突击步枪 / 085
缅甸 EMER K-1 突击步枪 / 085
澳大利亚“领导者”T-2 突击步枪 / 086
伊朗 KH2002 突击步枪 / 086
日本 89 式突击步枪 / 087
印度 INSAS 突击步枪 / 087
印度“神剑”突击步枪 / 088
朝鲜 58 式突击步枪 / 088

第 7 章 光影中的突击步枪 …… 089

《狂怒》 / 090
《黑鹰坠落》 / 092
《硬核大战》 / 094
《敢死队 3》 / 096

参考文献 …… 098

第1章

突击步枪概述

突击步枪是一种重量较轻、枪长较短、具有冲锋枪的猛烈火力和接近普通步枪射击威力的自动武器。突击步枪作为现代枪械一个种类，至今已有近百年的历史。本章着重介绍突击步枪的发展历程并对部分部件进行了简单描述，便于读者理解。

◆ 突击步枪的历史

第一次世界大战（以下简称一战）爆发后，西线残酷的堑壕绞杀战，让交战双方意识到：士兵们装备的制式步枪并不适合狭小空间作战。那些步枪枪身过长，适合射击 1800 多米以外的远距离目标，在几乎面对面的堑壕战中显得异常笨拙。

一战结束以后，随着工业科技的进步，各国的军事战略战术理论也出现了巨大的变化。在一战后的几次战斗中，如苏联国内战争、西班牙内战，出现了一战中没有出现的情况。双方步兵的作战距离比起一战时期大大缩短，70% 以上的战斗都集中在 400 米的距离之内。在这个距离内，当时各国装备的步枪并不能胜任。无论是毛瑟步枪、莫辛 – 纳甘步枪还是李 – 恩菲尔德步枪，有效射程都超过 600 米，标尺射程都在 1500 米以上。具有如此强的杀伤力的步枪，在 400 米内显然没有必要。这个距离内，传统步枪的威力过大，远远超出实战的要求。同时，各国装备的手动填装子弹步枪的射速不高，优秀射手 1 分钟也不过只能发射 10 ～ 12 发。这个射速显然无法对敌人造成足够有效的火力压制。

▲ 一战时期装备莫辛 – 纳甘步枪的俄国士兵

而各国步兵的另外一种装备冲锋枪，也不能满足现代战争的需要。二战中各国冲锋枪的有效射程均不超过 150 米，实战中还不到 100 米。虽然在 100 米内冲锋枪有着不错的射速和火力压制，但是冲锋枪使用的弹药是手枪子弹，冲锋枪超过 150 米距离无法做有目的的射击。冲锋枪的 150 米，步枪的 500 米，中间有一个 150 ～ 400 米的火力的空档。各国步兵部队一般通过轻机枪来弥补，但是轻机枪在基层步兵中装备较少，而且其弹药威力也很大，在这个距离轻机枪弹药的威力仍然过剩。同时冲锋枪需要大量的手枪子弹，步枪轻机枪也需要大量的步枪弹药，基层步兵同时装备冲锋枪和步枪，这也就是说后勤人员必须同时准备两种弹药。

如果能够实现基层步兵武器弹药的统一化，对于各国的军工系统和后勤系统是一个极大的帮助。出于这些目的，在 20 世纪 30 年代末期，各国展开了对于突击武器的研究。他们希望能够生产出一种综合了步枪和冲锋枪的特点，能够代替现有步枪、冲锋枪甚至轻机枪的一种武器。但是试验证明，20 世纪初的标准的步枪弹药对自动步枪来说威力过大，自动步枪在连发射击时难以控制精度，而且重量较大不方便单兵携带。受当时枪械科技和金属冶炼技术的限制，当然也有对于突击步枪理念上理解并不够的原因，并不能满足实际的需要，直到由德国著名的轻武器设计师雨果・施迈瑟设计的世界上第一款真正意义上的突击步枪——StG44 的出现。

▲ **雨果・施迈瑟**

1938 年，德国黑内尔公司受军方的要求，开始着手研制自动步枪。研究开始时遇到很多的问题，主要的原因是无法有效解决现有 7.92 毫米毛瑟步枪弹在连续射击中的稳定问题。但是随着 1939 年第二次世界大战（以下简称二战）的全面爆发，自动步枪的研制受到了德国军方的重视，研制速度明显加快。由枪械设计师雨果・施迈瑟担任方案设计师，提出用短药筒的中间型威力枪弹代替原有 7.92×57 毫米毛瑟步枪弹，这是划时代的观念。

德国早在 1934 年就已经开始研究威力小一些的减装药的短药筒弹药，使用短药筒弹药可以将冲锋枪的特点结合到全自动步枪上，可保持步枪轻便以及连发射击容易控制的特点。

1941 年经过反复试验后德国研制成功一种 7.92×33 毫米步枪短弹。它的长度比当时的德军 7.92×57 毫米标准步枪弹缩短了，弹头更轻，发射火药减少，装药量由 3 克减至 1.6 克，弹头重由 12.8 克减至 8 克，有效射程相应缩短了。这类短弹被称为中间型威力枪弹。这种子弹长度比原有毛瑟步枪弹缩短三分之一，使得枪的后坐力大大减小，解决了自动步枪无法连续准确射击的技术瓶颈。

随着弹药问题的解决，黑内尔公司1942年7月制造出了使用7.92×33毫米步枪短弹的50支样枪——MKb42(H)。同年，卡尔－沃尔特公司也研制出50支样枪——MKb42(W)，这些武器经过德国军方枪械专家的严格测试。最终黑内尔公司的样枪MKb42(H)步枪由于综合性能的优越而中标。

▲ 德军士兵使用装有 ZF-4 瞄准镜的 MP43 冲锋枪

在斯大林格勒战役后期的实战中，MKb42(H)步枪增强的火力密度以及操作的可靠性被德军所肯定，不过该枪在战斗中也出现了一些问题，这些都报告了黑内尔公司。黑内尔公司根据这些报告，对MKb42(H)式步枪进行了改进，并借用了冲锋枪的命名方式，命名为MP43式。

在库尔斯克会战以后，MP43进行了改进，1944年该枪完成改进定名MP44。这种自动步枪具有冲锋枪的猛烈火力，连发射击时后坐力小、易于掌握，在400米射程上，射击精度比较好，威力接近普通步枪，而且重量较轻。

1944年，希特勒下令优先生产该枪并亲自为其命名，正式改称Sturmgewehr44（44型突击步枪），简称StG44。StG44随即开始大量生产。

▲ StG44 突击步枪

◆ 突击步枪的基本特点

★ 保留刺刀

在 21 世纪出现的突击步枪中，仍然保留了刺刀的功能。此外还加装了榴弹发射器，以具备点面杀伤能力，提高作战效能。

▲ AKM 突击步枪所配备的刺刀

★ 使用新材料

高新技术对突击步枪影响越来越明显，其中重要一点是合成材料广泛应用于枪械中，如枪托、前托，甚至机匣都采用高强度工程塑料，在降低成本的同时，能确保全枪坚固耐用，而且还能注塑出各式各样符合人机工效的光滑外形，给人以耳目一新的感觉。

▲ 采用高强度工程塑料制成的 AR-15 突击步枪的下机匣

★ 枪族化

21 世纪许多突击步枪注重以“枪族化”形式存在。枪族是一种新的现代枪械，它是以一种枪为基础，将步枪、冲锋枪、轻机枪的主要部件统一，组成一族。现今最著名的枪族莫过于美国的 M16 枪族和苏联 / 俄罗斯 AK 枪族。

▲ 以 AK-47 突击步枪为代表产品的 AK 枪族是世界上被生产使用和仿制最多的枪械

★ 无托结构

21 世纪推出的几种新型突击步枪均为无托结构，然而无托结构只是现代步枪的一种特殊形式和应用范围的补充。其特征是将握把部件置于弹匣之前，能使枪的结构紧凑、携行方便。无托突击步枪因全枪长度短，特别适合于丛林战与巷战。

▲ 著名无托步枪——AUG 突击步枪

★ 皮卡汀尼导轨

现今的新型突击步枪均将瞄准系统装在皮卡汀尼导轨上。美国军用标准 1913 皮卡汀尼导轨几乎成为现代突击步枪的基本特征。皮卡汀尼导轨允许用户快速准确地安装、拆除各种各样的附件，从激光指示器、强光灯到光学瞄具和全天候瞄准装置。

▲ 皮卡汀尼导轨

★ 光学或电子光学瞄具

近年来突击步枪的一个新革新就是广泛采用光学瞄具或电子光学瞄具来代替传统的机械瞄具，从望远式、反射式到单点式系统，瞄准系统得到不断开发和装备，使轻武器的性能“如虎添翼”。

▲ 现代枪械使用的机械瞄具

第 2 章

美国突击步枪入门

作为世界上第一支军用小口径步枪，M16 突击步枪的出现对 20 世纪后期世界上掀起的小口径浪潮起到了示范和带动的作用，同时也代表了美国突击步枪的发展水平得到了世界认可。本章详细介绍了二战以来由美国制造的突击步枪，并对每一种武器的由来及性能都做了简单描述。

美国AR-15突击步枪

小档案

口　　径：	5.56毫米
全　　长：	991毫米
有效射程：	550米
枪口初速：	975米/秒
弹 容 量：	10/20/30发

AR-15是一种由尤金·斯通纳研发的以弹匣供弹、具备半自动或全自动射击模式的突击步枪。半自动型号的AR-15和全自动型号的AR-15在外形上完全相同，只是全自动改型具有一个选择射击的旋转开关，可以让使用人员在三种设计模式中选择：安全、半自动以及依型号而定的全自动或三发连发。而半自动型号只有安全和半自动两种模式可供选择。

趣味小知识

在游戏《战争前线》中，AR-15突击步枪为步枪手专用武器，大师级解锁，可以改装枪口配件、战术导轨配件以及瞄准镜。

美国AR-18突击步枪

小档案

口　径：	5.56毫米
全　长：	965毫米
有效射程：	460米
枪口初速：	991米/秒
弹容量：	20/30/40发

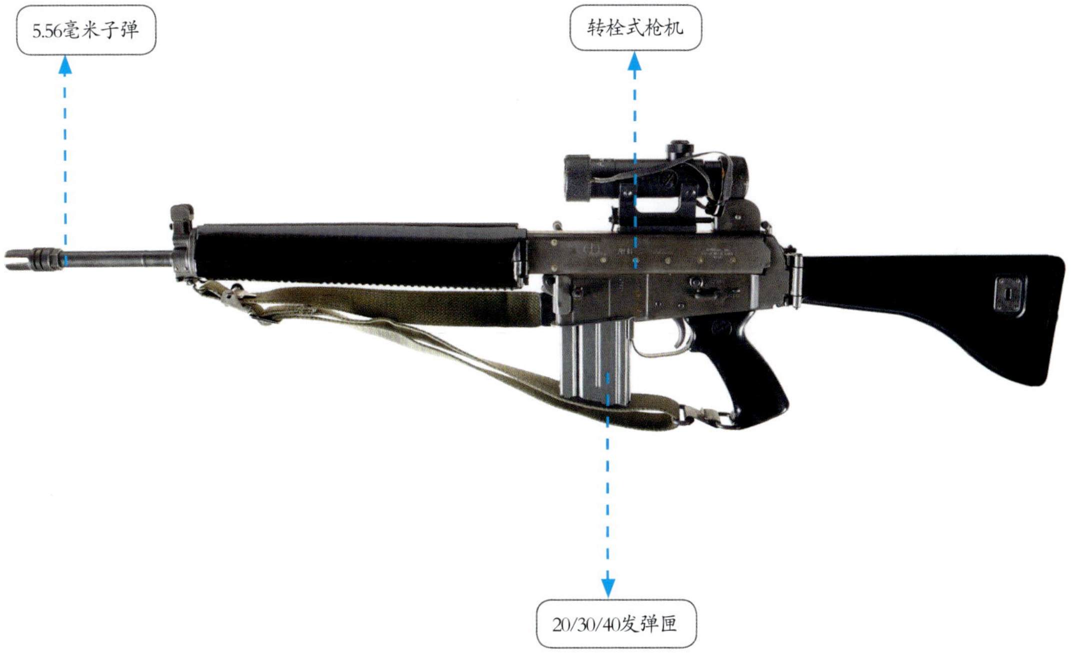

AR-18 是阿玛莱特公司于 1963 年由 AR-15 步枪改进而成的一款突击步枪。虽然该枪未能成为任何一个国家的制式步枪，但其设计却对后来的许多步枪产生影响，例如英国的 SA80 和德国的 G36 系列等。

▲ **AR-18 突击步枪后侧方特写**

▲ **AR-18 突击步枪局部特写**

美国M16突击步枪

小档案

口　径：	5.56毫米
全　长：	986毫米
有效射程：	400米
枪口初速：	975米/秒
弹容量：	20/30发

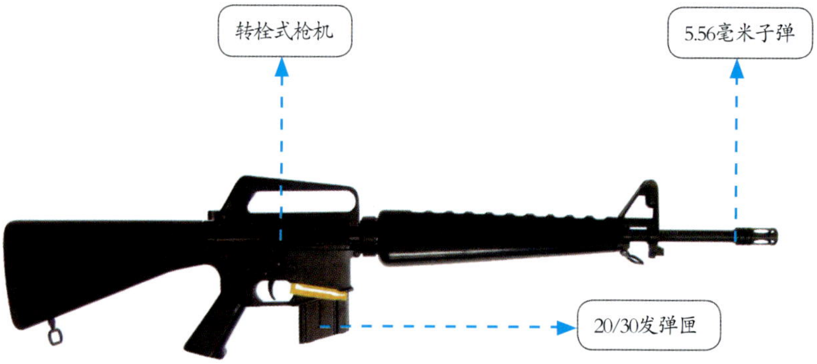

M16是由阿玛莱特AR-15发展而来的突击步枪，现由柯尔特公司生产。它是世界上最优秀的步枪之一，也是同口径中生产数量最多的枪械，自20世纪60年代以来一直是美国陆军的主要步兵武器。由于M16在试验与评价都不够充分的情况下便装备部队，在战场上频频出现故障，导致评价极差，但问题很快得到解决。目前，美军使用的M16大部分都是能够半自动射击和3发点射的，极少使用全自动版本。

▲ 黑色涂装的M16突击步枪

▲ 射击状态下的M16突击步枪

趣味小知识

M16突击步枪以及它的改型在美国和其他许多国家的电影、电视和电子游戏中几乎无处不在。出现M16的电影包括《第一滴血》《终结者1》《报告班长2》《反恐战线》《黑鹰坠落》等。

美国柯尔特CM901步枪

小 档 案

口　径：	5.56/6.8/7.62毫米
全　长：	950/870毫米
有效射程：	700米
枪口初速：	850米/秒
弹 容 量：	20/30发

CM901 是柯尔特公司所开发的一个模组化武器系统，使用者可不使用任何工具就将其转换为一支突击步枪、特等射手步枪或短管卡宾枪。该武器系统有多种口径可供选择，包括 5.56×45 毫米、7.62×51 毫米、7.62×39 毫米和 6.8×43 毫米。此外，使用者还能根据自己的喜好或需求而选择不同长度的枪管。

▲ 柯尔特 CM901 步枪后侧方特写

▲ 黑色涂装的柯尔特 CM901 步枪

美国巴雷特REC7突击步枪

小档案

口　径：	6.8毫米
全　长：	845毫米
有效射程：	600米
枪口初速：	810米/秒
弹容量：	30发

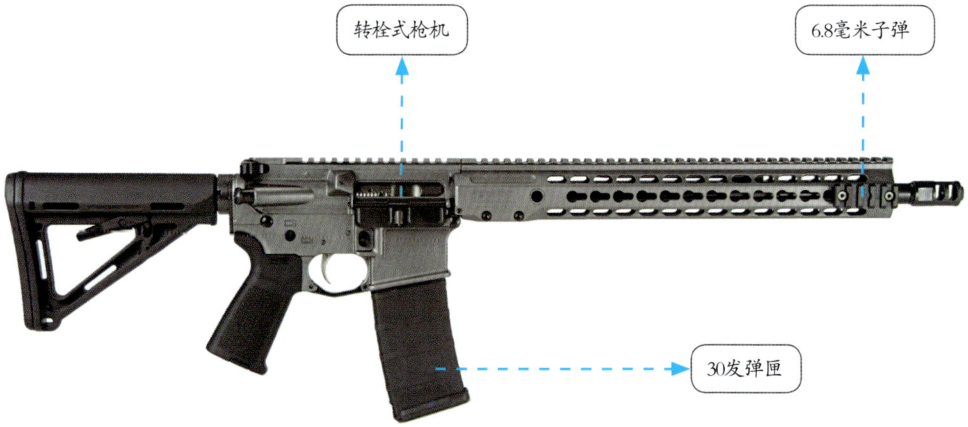

REC7是在M16突击步枪和M4卡宾枪的基础上改进而成的一款突击步枪，于2004年开始研发，采用6.8毫米口径。不同于以往的M4/M16取代方案（如被取消的XM8），REC7并非是一支全新设计的步枪，它只是用巴雷特公司生产的一个上机匣搭配上普通M4/M16的下机匣而成，所以能够和M4、M16共用大多数零部件，也能轻易地安装在美军现有使用的M4、M16步枪上。

▲ **REC7突击步枪进行试射**

▲ **REC7突击步枪侧面特写**

美国AAC“蜜獾”式PDW突击步枪

小档案

口　径：	7.62毫米
全　长：	609毫米
有效射程：	200～400米
枪口初速：	640米/秒
弹容量：	30发

AAC“蜜獾”式PDW（AAC Honey Badger PDW）是由美国先进武器公司（AAC）以AR-15为基础，专门为特种部队研制及生产的突击步枪，该武器的名字来自蜜獾，发射7.62×35毫米口径步枪子弹。该枪枪托的类型和HK MP5所使用的拉杆伸缩型相似，由此让外界以为这是一支取代HK MP5SD系列的新产品。

▲ AAC“蜜獾”式PDW突击步枪侧方特写

趣味小知识

在游戏《使命召唤：幽灵》中，AAC“蜜獾”式PDW突击步枪被命名为“蜜獾”，黑色枪身，故事模式中被美国精锐部队“魅影”（Ghosts）与敌军“联邦”（Federation）双方所使用。

▲ AAC“蜜獾”式PDW突击步枪及其他配件

美国AKU-94突击步枪

小档案

口　径：	7.62毫米
全　长：	820毫米
有效射程：	200米
枪口初速：	710米/秒
弹容量：	10/30发

AKU-94是由美国KVAR公司于1990～2000年以AK-47突击步枪为蓝本生产的一种犊牛式突击步枪。它适用于大部分7.62×39毫米口径的AK系列步枪，适合近身距离作战，其缺点是射手不能左手持枪。

▲ AKU-94突击步枪及其他配件

趣味小知识

AKU-94在2000年中期停产，剩余的套件被国际世纪武器公司（Century Arms International）收购，另外它更被改装成电影道具并在多部科幻电影中登场。

▲ AKU-94突击步枪上方视角

美国LR-300突击步枪

小 档 案

口　径：	5.56毫米
全　长：	546毫米
有效射程：	300米
枪口初速：	980米/秒
弹 容 量：	20/30/40发

LR-300（Light Rifle-300）是由美国 Z-M 武器公司研制，Z-M 武器公司和帕拉美国公司先后生产的突击步枪，发射 5.56×45 毫米北约口径步枪子弹。该枪曾被吹捧为一款“极优秀的突入武器系统”，表示它适合在近身距离作战等军事用途中使用。

美国LWRC M6突击步枪

小 档 案

口　径：	5.56/6.8毫米
全　长：	768毫米
有效射程：	200米
枪口初速：	853米/秒
弹 容 量：	5/10/20/30/40发

M6 是由陆战资源公司（Land Warfare Resources Corporation，LWRC）研制及生产的突击步枪，发射 5.56×45 毫米北约口径和 6.8×43 毫米雷明顿 SPC 步枪子弹。该枪目前主要被美国特种作战司令部、美国缉毒局及美国警察局等部门使用。

美国雷明顿ACR突击步枪

小档案

口　径：	5.56毫米
全　长：	900毫米
有效射程：	300米
枪口初速：	792～990米/秒
弹容量：	30发

雷明顿 ACR 突击步枪的前身为马沙达公司开发的马沙达自适应的作战武器系统，但因该公司的规模太小，所以该枪的生产权卖给了大毒蛇公司。之后，大毒蛇公司又被雷明顿武器公司收购，因此该枪现在由雷明顿公司生产。2009 年底，大毒蛇公司对 ACR 突击步枪进行改良，成功解决了散热性差、枪管锁扳手太过脆弱等问题。目前该枪在军事上的用户不多，仅能在美国的民用市场购得其半自动的民用型号。

▲ 士兵手持雷明顿 ACR 突击步枪

趣味小知识

雷明顿 ACR 突击步枪曾出现在许多游戏中，其中包括《使命召唤：现代战争 2》和《使命召唤：现代战争 3》等著名射击游戏。

▲ 雷明顿 ACR 突击步枪及子弹

美国XCR突击步枪

小档案	
口　径：	5.56毫米
全　长：	940毫米
有效射程：	300～600米
枪口初速：	792～990米/秒
弹容量：	20/30发

XCR突击步枪是2005年参选美军特种作战司令部（United States Special Operations Command，USSOCOM）SCAR计划所推出的多口径突击步枪，但最后因空包弹助退器在限期前没有送到而被取消资格。

美国SR-47突击步枪

小档案	
口　径：	7.62毫米
全　长：	826毫米
有效射程：	450米
枪口初速：	710米/秒
弹容量：	30发

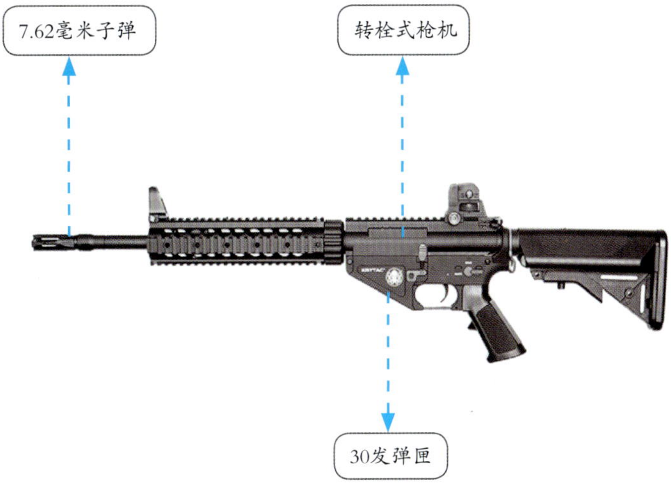

SR-47是奈特军械公司（KAC）在阿玛莱特枪族的基础上开发的突击步枪。SR-47突击步枪沿用了阿玛莱特的设计，发射AK-47突击步枪的7.62×39毫米子弹。SR-47最终只生产了7支样枪，6支交由美国特种作战司令部（USSOCOM）做实战测试，剩余1支保留在奈特军械公司的军械展览馆。

美国斯通纳63突击步枪

小 档 案

口 径 ：	5.56毫米
全 长 ：	913毫米
有效射程：	500米
枪口初速：	991米/秒
弹 容 量 ：	30发

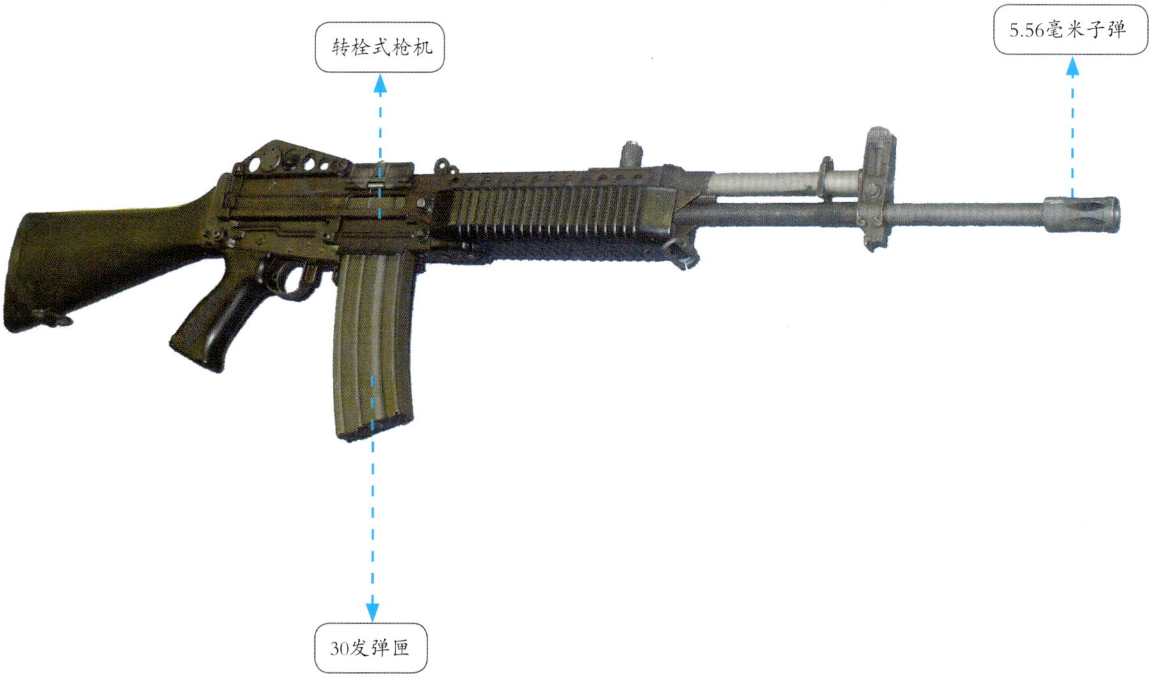

斯通纳 63 是由当时在卡迪拉克·盖奇公司工作的尤金·斯通纳设计、詹姆斯·沙利文以斯通纳 62 缩小口径改造而成的发射 5.56×45 毫米枪弹的突击步枪，由卡迪拉克·盖奇公司在 1963 年生产，美国海军陆战队在 1967 年曾经使用该枪。

▲ 搭载两脚架上的斯通纳 63 突击步枪

▲ 展览中的斯通纳 63 突击步枪

第3章

苏联/俄罗斯突击步枪入门

AK-47突击步枪是世界上生产使用和被仿制最多的枪械之一，其AK枪族在全世界的数量超过1亿支(20世纪90年代统计全世界共有55个国家使用AK枪族)，如此伟大的成就奠定了苏联/俄罗斯在世界轻武器史上的地位。本章详细介绍了二战以来由苏联/俄罗斯制造的突击步枪，并对每一种武器的由来及性能都做了简单描述。

苏联TKB-011突击步枪

小档案	
口　径：	7.62毫米
全　长：	720毫米
有效射程：	300米
枪口初速：	560米/秒
弹容量：	30/50发

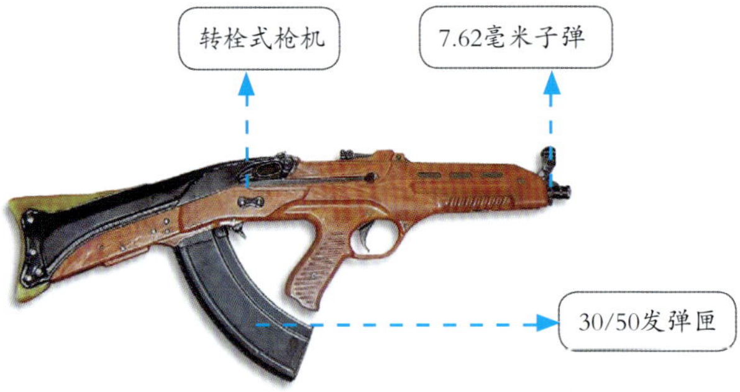

TKB-011是由苏联轻兵器设计师尼古拉·M.西耶夫于1963～1965年期间设计的无托结构突击步枪，可以全自动射击，发射7.62×39毫米子弹。这种突击步枪是使用前置式抛壳口的突击步枪，由一段经机匣内部的弹壳槽导引至枪口上抛壳口并向右自然排出，解决了左手射击时弹壳抛向射手面部及气体灼伤的问题，而射击时首发弹壳会留在弹壳槽内，直至射击至数发，首发弹壳才会排出。

苏联TKB-022突击步枪

小档案	
口　径：	7.62毫米
全　长：	755毫米
有效射程：	300米
枪口初速：	560米/秒
弹容量：	30发

TKB-022是一款由苏联枪械设计师日耳曼·A.科洛波夫于20世纪60年代设计的无托结构突击步枪。该枪是第一种使用前置式抛壳口的突击步枪。在发射以后，原来的弹壳会被抽出膛室并且经由机匣内部的机构，从下方的抛壳口自然排出。正因为这种枪装上这一种机械装置，解决了左手射击时弹壳抛向射手面部及气体灼伤的问题，从而使得一般无托结构枪械不能双手射击的缺点得到解决。

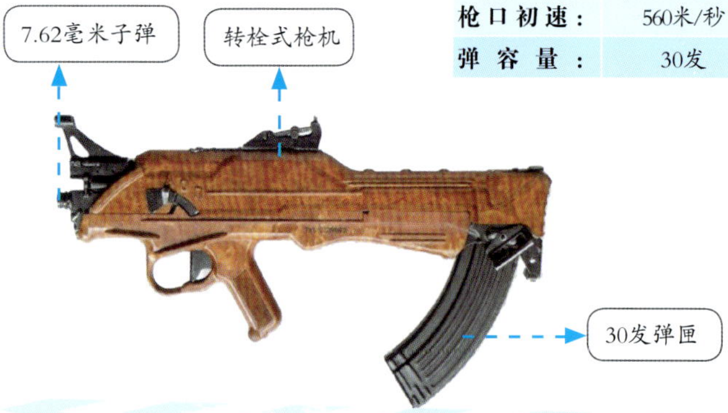

苏联TKB-059突击步枪

小档案	
口　径：	7.62毫米
全　长：	690毫米
有效射程：	600米
枪口初速：	600米/秒
弹容量：	90发

TKB-059是由苏联轻枪械设计师日耳曼·A.科洛波夫于20世纪60年代设计的一款3枪管无托结构突击步枪，是为大幅提升击中敌人的概率和制止力而开发的。该枪发射7.62×39毫米子弹，全自动射击时射速可达1400～1800发/分。

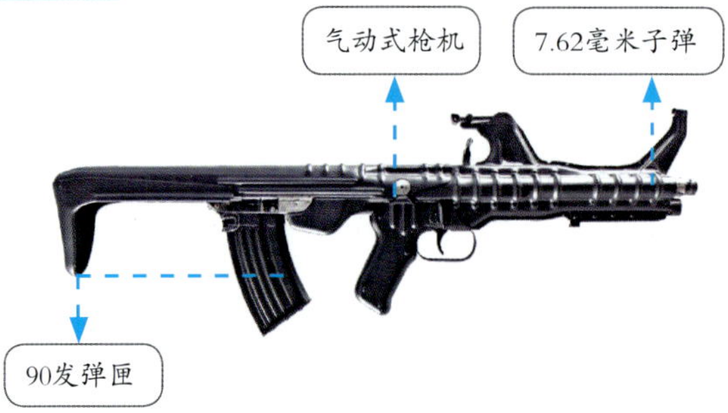

苏联TKB-408突击步枪

小档案

口　径：	7.62毫米
全　长：	790毫米
有效射程：	400米
枪口初速：	600米/秒
弹容量：	30发

TKB-408 是由苏联轻兵器设计师日耳曼·A. 科洛波夫为苏军设计的无托结构突击步枪，可以全自动射击，发射 7.62×39 毫米子弹。TKB-408 与当时其他传统型结构的步枪不同的是，它采用了在当时还是非常罕见的无托结构，也就是将手枪握把和扳机组件置于枪机之前，而在机匣尾端设置托底板用于抵肩射击。这样一来，790 毫米长度的枪身仍然有一根 500 毫米长度的枪管。这在当时可说是一个很了不起的设计。

苏联TKB-517突击步枪

小档案

口　径：	7.62毫米
全　长：	910毫米
有效射程：	400米
枪口初速：	721米/秒
弹容量：	30发

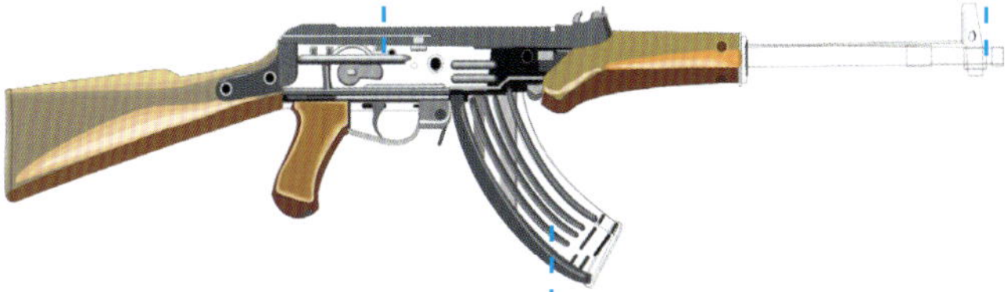

TKB-517 是由苏联轻兵器设计师日耳曼·A. 科洛波夫为苏军设计的突击步枪，可以全自动射击，发射 7.62×39 毫米子弹。TKB-517 的外观和不完全分解都与 AK-47 极为相似，但采用了由美国枪械设计师查尔斯·约翰·佩德森所发明的杠杆延迟反冲作用，稍微降低其后坐力并使其更为容易控制。

苏联AG-043突击步枪

小档案

口 径：	5.45毫米
全 长：	820毫米
有效射程：	700米
枪口初速：	680米/秒
弹 容 量：	30发

AG-043是1974年由苏联著名枪械设计师谢尔盖·加夫里罗维奇·西蒙诺夫设计的紧凑型全自动突击步枪，发射5.45×39毫米口径步枪弹。

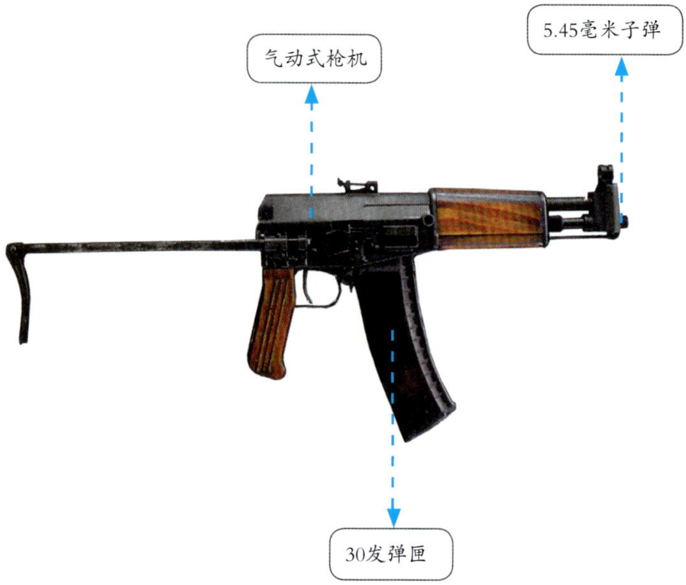

苏联AO-63双管突击步枪

小档案

口 径：	5.45毫米
全 长：	890毫米
有效射程：	600米
枪口初速：	710米/秒
弹 容 量：	45发

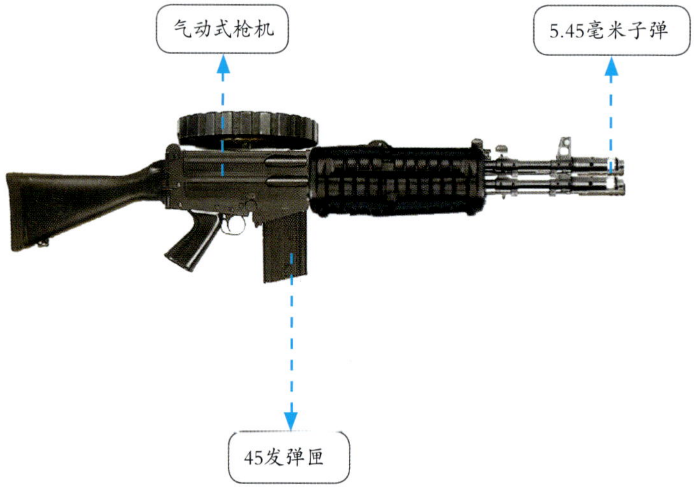

AO-63是由苏联谢尔盖·加夫里洛维奇·西蒙诺夫和彼得·安德列耶维奇·特卡乔夫研制、中央研究精密机械制造局生产的全自动双管突击步枪原型枪，发射5.45×39毫米（M74）口径步枪子弹。该枪曾于1980年中期参与“阿巴坎”计划试验中的第二部分。

苏联/俄罗斯 AK-47突击步枪

小 档 案

口　径：	7.62毫米
全　长：	870毫米
有效射程：	300米
枪口初速：	710米/秒
弹容量：	30发

AK-47是苏联著名枪械设计师米哈伊尔·季莫费耶维奇·卡拉什尼科夫在20世纪40年代所设计的一款突击步枪。该枪最大的特点在于其简单的结构，这使得它不但易于分解、清洁和维修，而且使用起来也更加简便。同时，这样的结构还造就了该枪可靠、耐用的特性，在连续射击时即便或有灰尘等异物进入枪内也能继续正常运作，且具备良好的恶劣环境适应力。

▲ 射击状态下的 AK-47 突击步枪

趣味小知识

现在，AK-47已经远远超出了一支步枪，甚至是武器的影响范围。除成为许多游戏和影视中的常客外，它还成为一种象征和符号，甚至被绘在非洲国家莫桑比克的国旗上。在20世纪70年代，民间曾流传着这样一句俏皮话："美国出口的是可口可乐，日本出口的是索尼电器，而苏联出口的则是卡拉什尼科夫。"

▲ 卡拉什尼科夫与 AK-47 突击步枪

苏联/俄罗斯 AK-74突击步枪

小档案

口　径：	5.45毫米
全　长：	943毫米
有效射程：	300～500米
枪口初速：	900米/秒
弹容量：	20/30/45发

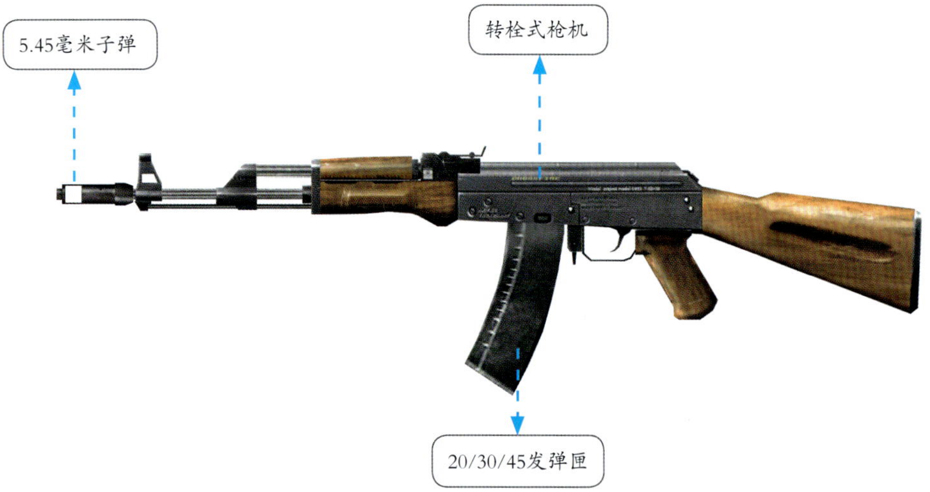

AK-74 突击步枪由 AK-47 突击步枪的缔造者米哈伊尔·季莫费耶维奇·卡拉什尼科夫设计，是苏联装备的第一种小口径突击步枪，也是继 M16 突击步枪之后世界上第二种大规模装备部队的小口径步枪。该枪于 1974 年 11 月 7 日在莫斯科红场阅兵仪式上首次出现，在之后的数十年里一直是苏联 / 俄罗斯军队的制式装备。由于改用了 5.45 毫米口径的子弹，所以该枪的枪管口径与膛室也进行了相应的修改，并在枪口上设计了一个大型枪口制退器以降低后坐力和提高射击精度。

趣味小知识

AK-74 突击步枪作为 AK 枪族的重要型号之一，受到不少影视和游戏的青睐，观众常常可以在电影或是电视剧中看到使用 AK-74 突击步枪扫射的场景，而游戏迷们也可以从不少著名游戏中看到它的身影，例如《穿越火线》《反恐精英》《神圣使命》《战地之王》《生化危机》《战地 2》和《使命召唤》等。

▲ 黑色涂装的 AK-74 突击步枪

▲ AK-74 突击步枪及配件

苏联/俄罗斯 AKS-74U突击步枪

小档案

口　径：	5.45毫米
全　长：	735毫米
有效射程：	200米
枪口初速：	735米/秒
弹容量：	20/30/45/90发

AKS-74U是苏联于1975年设计及生产的一款短突击步枪，编号中的“U”为“缩短”的意思。AKS-74U突击步枪的整体尺寸及有效射程与冲锋枪相似，由AK-74突击步枪发展而成，是其独立变种版本。AKS-74U主要装备特种部队、通信兵、炮兵、空降部队、车辆驾驶员、工兵、飞行组机组人员及执法部队，作为自卫武器使用。

▲ AKS-74U 突击步枪 3D 模型图

▲ AKS-74U 突击步枪上方视角

苏联/俄罗斯 AK-74M突击步枪

小档案

口 径：	5.45毫米
全 长：	943毫米
有效射程：	400米
枪口初速：	900米/秒
弹 容 量：	20/30/45发

AK-74M在1987年开始研制，与AKM相同都是现代化改进版本，1991年起开始全面生产。除了一些小的改进以外，AK-74M也采用了新的黑色合成枪托。此外，该枪还采用了加固的枪口装置和防尘罩。每支AK-74M均配有用于安装光学器材的侧道轨托架。AK-74M突击步枪在苏联后期成为制式步枪，后被俄罗斯采纳为制式步枪。

苏联/俄罗斯 AKS-74突击步枪

小档案

口 径：	5.45毫米
全 长：	933毫米
有效射程：	360米
枪口初速：	900米/秒
弹 容 量：	20/30/45发

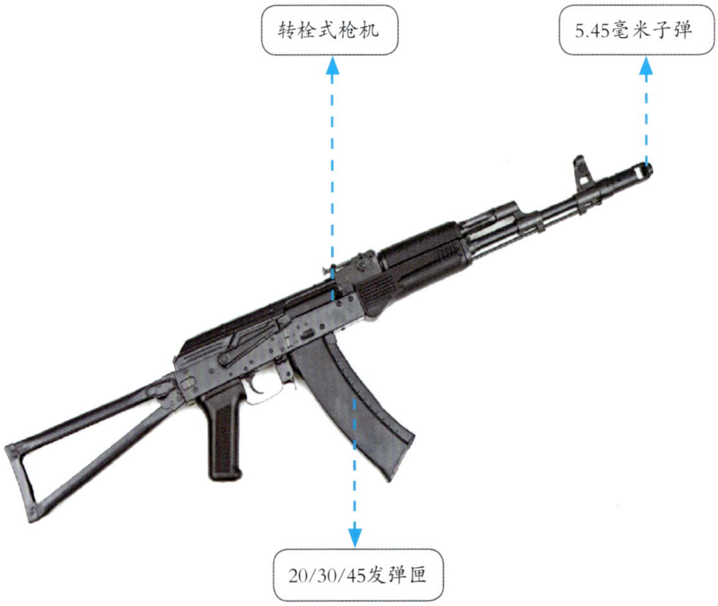

AKS-74是AG-74用于装备空降部队的折叠枪托版本突击步枪，枪托展开全长有933毫米，枪托折叠后长度为694毫米。早期型AKS-74突击步枪为塑料护木，后期型改为深黑色玻璃纤维塑料护木。

苏联/俄罗斯 AKM突击步枪

小档案

口　径：	7.62毫米
全　长：	880毫米
有效射程：	400米
枪口初速：	715米/秒
弹容量：	20/30/40/75发

AKM 是由米哈伊尔·季莫费耶维奇·卡拉什尼科夫在 AK-47 的基础上改进而成的一种突击步枪，于 1959 年开始投产。与 AK-47 相比，AKM 的制造工艺得到了进一步改进，它更多地采用金属冲压、焊接工艺与合成材料，以此大幅降低枪支重量、生产时间和成本。AKM 突击步枪有着精度高、重量轻、可靠性好的特点，至今该枪仍是许多第三世界国家的制式装备，并在一些地区武装冲突中产生着重要作用。目前装备或装备过 AKM 突击步枪的国家包括苏联 / 俄罗斯、阿富汗、芬兰、埃塞俄比亚、希腊、格鲁吉亚、匈牙利、印度、土耳其、也门和赞比亚等。

苏联/俄罗斯 AEK-971突击步枪

小档案

口　径：	5.45毫米
全　长：	960毫米
有效射程：	400米
枪口初速：	880米/秒
弹容量：	30发

20 世纪 70 年代初，为参加枪支设计竞赛并希望成为苏联的制式武器，科夫罗夫基础机械设计局研制出了 AEK-971 突击步枪。该枪使用新的制动器，可以根据使用者开火时的稳定度而调整孔径大小。在不稳定状态，例如在移动中、站立和屈膝，全自动射击时，可以通过机匣左侧的特殊手柄来缩小枪口制退器的孔径以降低后坐力。

苏联/俄罗斯APS水下突击步枪

小档案

口　径：	5.66毫米
全　长：	823毫米
有效射程：	100米（水上）
枪口初速：	365米/秒（水上）
弹容量：	26发

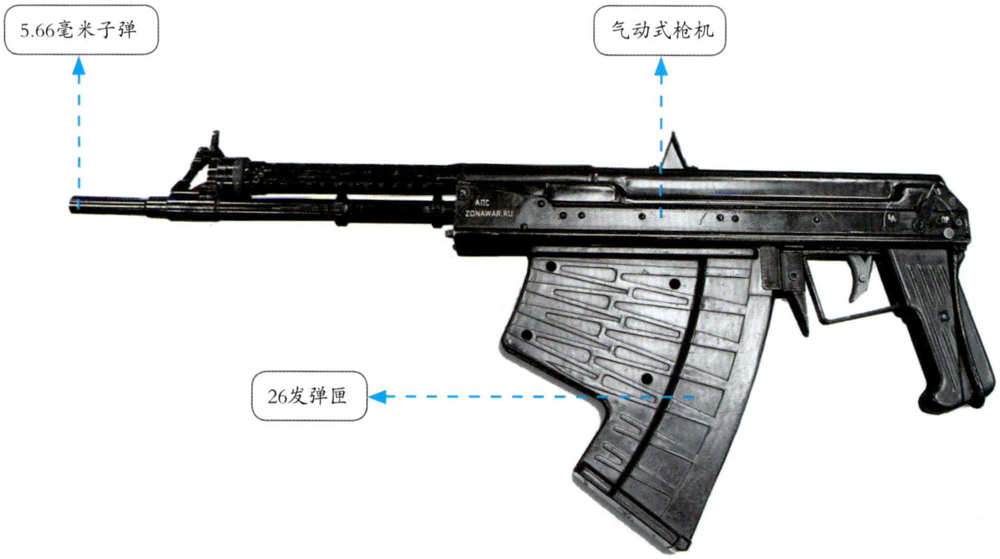

APS水下突击步枪是苏联于1970年研制的一种水下枪械。在水中，APS发射一种特制的5.66毫米口径的箭形弹。该枪以26发容量的聚合物制弹匣供弹。较特别的是，APS的枪管并没有膛线，所以发射的子弹是以流体力学的效应来保持一致。这也说明了此枪并不大适合在水上使用，因为这会使精度下降，还会降低全枪的寿命。

▲ 展览中的APS水下突击步枪

趣味小知识

在游戏《使命召唤：幽灵》中，APS水下突击步枪只在剧情模式登场，能装弹30发，被美国精锐部队"幽灵"和敌军"联邦"双方于水底交战期间所使用。

▲ 俄罗斯海军士兵在陆上使用APS水下突击步枪

苏联/俄罗斯AS Val消音突击步枪

小 档 案

口 径：	9毫米
全 长：	875毫米
有效射程：	300米
枪口初速：	295米/秒
弹 容 量：	10/20/30发

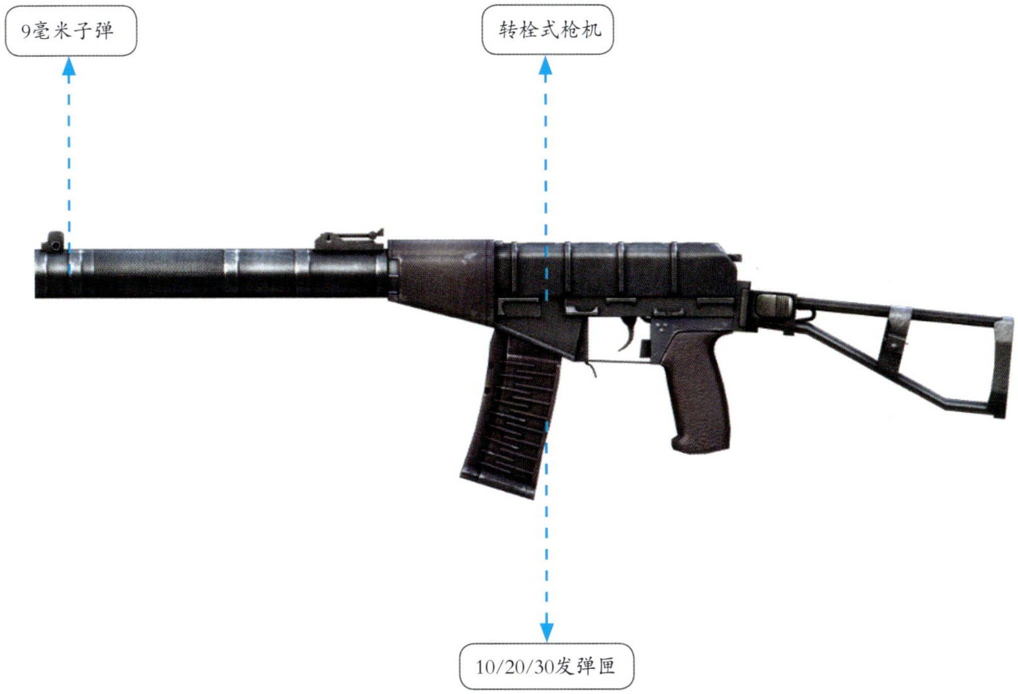

AS Val是由苏联中央精密机械工程研究院于1980年研制的一种特种突击步枪，其枪身以经加工过的钢料打造。该枪设有半自动和全自动两种射击模式，在全自动模式时会以每分钟800～900发的理论射速进行射击。

▲ 手持AS Val消音突击步枪进行反恐演练的俄罗斯士兵

趣味小知识

电影《反恐战线》中，曾有一支装上PSO–1光学瞄准镜的AS Val消音突击步枪，被俄军战俘艾云·叶尔马科夫（Ivan Yermakov，阿列克谢·恰多夫饰）所使用。

▲ 俄罗斯士兵手持AS Val消音突击步枪参加阅兵

俄罗斯ASM-DT两栖突击步枪

小档案

口　径：	5.45毫米
全　长：	620毫米
有效射程：	600米（水上）
枪口初速：	400米/秒（水上）
弹容量：	30发（水上）

ASM-DT两栖突击步枪诞生于20世纪90年代，能同时满足水下和水上使用，其原因在于采用了5.45毫米口径的线膛枪管，既能发射标准的5.45×39毫米7N6步枪弹，又能发射新研制的5.45×39毫米MGTS水下步枪弹。其他方面，ASM-DT和APS都差不多，只是增加了护木和膨胀式消焰器等装置，此外还可配备各种光学瞄准镜、GP-25榴弹发射器、刺刀或PBS消声器等附件。

俄罗斯AK-9突击步枪

小档案

口　径：	9毫米
全　长：	881毫米
有效射程：	400米
枪口初速：	290米/秒
弹容量：	20发

2006年，伊兹玛什公司计划设计了一款具有AK枪族特色的新型步枪。新枪以AKS-74U为基础，使用9×39毫米亚音速弹药，并能安装许多枪械附加设备，主要为特种部队执行反恐任务时使用。其最终的成果就是AK-9突击步枪。AK-9是俄罗斯生产的现代化突击步枪，为卡拉什尼科夫步枪系列的最新款式之一。

俄罗斯A-91突击步枪

小档案	
口　径：	7.62毫米
全　长：	660毫米
有效射程：	600米
枪口初速：	715米/秒
弹容量：	30发

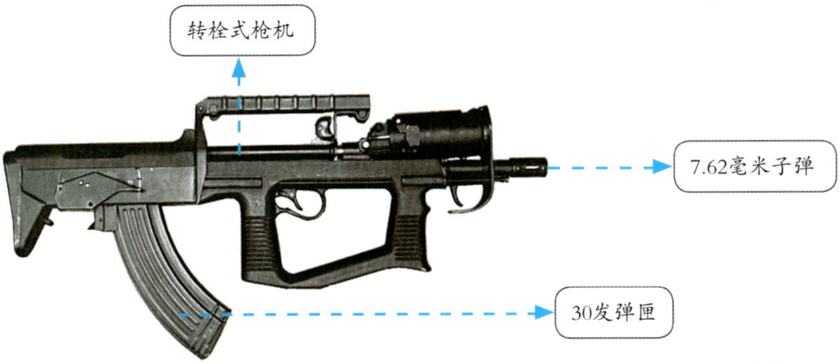

A-91是俄罗斯在20世纪90年代研制的一款无托结构突击步枪，由图拉（KBP）仪器设计局设计生产。该枪是9A-91的无托结构步枪版本，其气动系统及转动式枪机亦与9A-91相同，A-91排弹壳口在步枪前方，发射时弹壳会经过排壳管引导至排壳口，因此可用左手抵肩射击。

俄罗斯9A-91突击步枪

9A-91是由图拉（KBP）仪器设计局于1992年研制及生产的突击步枪，发射9×39毫米口径亚音速步枪子弹。早期版本的9A-91枪口可装上枪口消焰器或是枪口制退器，但后来都被取消了，不过该枪可以装上消声器。目前9A-91突击步枪正被俄罗斯境内的一些执法机构特种部队所使用。

小档案	
口　径：	9毫米
全　长：	605毫米
有效射程：	200米
枪口初速：	680米/秒
弹容量：	20发

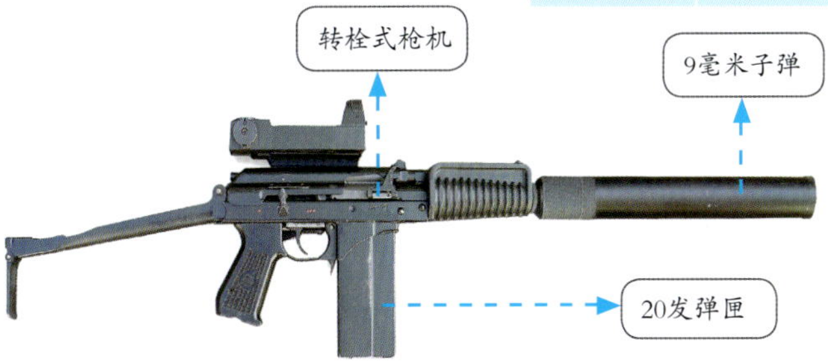

俄罗斯AK-101突击步枪

小档案	
口　径：	5.56毫米
全　长：	943毫米
有效射程：	450米
枪口初速：	920米/秒
弹容量：	30发

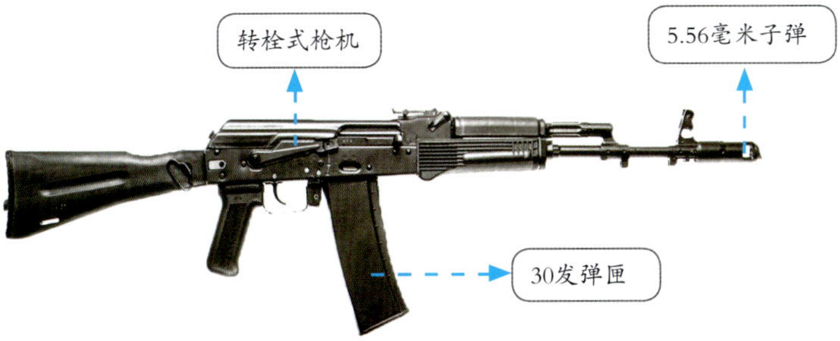

AK-101突击步枪是俄罗斯为出口市场而设计，改用北约标准的5.56×45毫米弹药。由于AK-47突击步枪在世界上的良好声誉，使得AK-101在世界各国亦有订单。该枪与AK-74M较为相似，它采用了现代化的复合工程塑料技术，黑色塑料30发弹匣，AK-74式的枪口制退器，并能加装瞄准镜及榴弹发射器。

俄罗斯AK-102突击步枪

小档案

口　径：	5.56毫米
全　长：	824毫米
有效射程：	500米
枪口初速：	850米/秒
弹容量：	30发

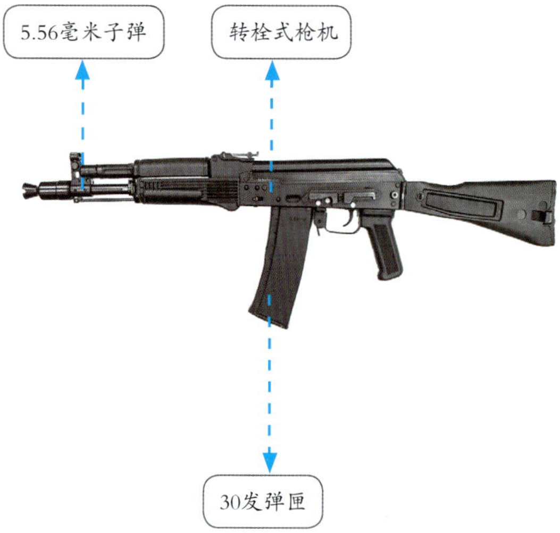

AK-102突击步枪是AK枪族成员之一，与AK-104、AK-105的设计非常相似，唯一的区别在于口径和弹匣。相比其他AK系列步枪，AK-102最大的特点是缩短了枪管，使其成为一种介于全尺寸型步枪和紧凑卡宾枪之间的混合型态。AK-102突击步枪非常轻巧，主要原因是用能够防振的现代化复合工程塑料取代了旧型号所采用的木材。这种新型塑料结构不但能够应对各种恶劣的气候，而且还可以抵御锈蚀。当然，塑料结构最大的特点是重量更轻。

俄罗斯AK-103突击步枪

小档案

口　径：	7.62毫米
全　长：	943毫米
有效射程：	500米
枪口初速：	750米/秒
弹容量：	30发

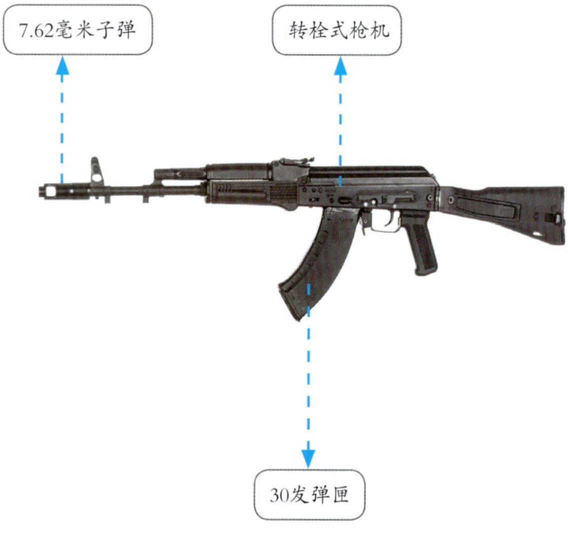

AK-103是俄罗斯生产的现代化突击步枪，是AK枪族成员之一。它与AK-74M突击步枪非常相似，采用现代化复合工程塑料技术，装有415毫米枪管，可加装瞄准镜及榴弹发射器，且有AK-74式枪口制退器。不过，该枪与AK-74M不同的是，它发射7.62×39毫米弹药。AK-103突击步枪主要为出口市场而设计，目前被世界上多个国家采用，其中包括俄罗斯、印度、阿尔及利亚、玻利维亚、不丹、孟加拉国、埃塞俄比亚、印度尼西亚、巴基斯坦、利比亚、摩洛哥、乌拉圭和委内瑞拉等。

俄罗斯AK-104突击步枪

小档案

口　径：	7.62毫米
全　长：	824毫米
有效射程：	500米
枪口初速：	670米/秒
弹 容 量：	30发

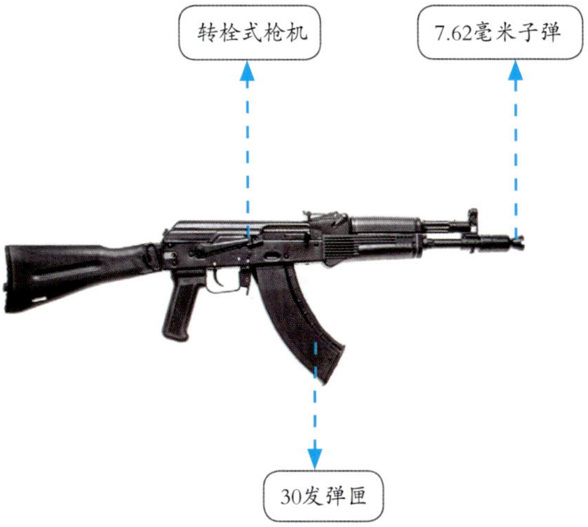

AK-104 突击步枪是俄罗斯生产的 AK-74M 突击步枪的缩短版本，也可以视为卡宾枪，是 AK 枪族成员之一。相比 AK-74M、AK-101 和 AK-103 这些类似设计的全尺寸型步枪，AK-104 最大的特点在于缩短了枪管，使其成为一种介于全尺寸型步枪和更紧凑的 AKS-74U 步枪之间的一种混合型态。该枪与 AK-102 突击步枪在结构和外形上极为相似，两者最大的区别在于口径，AK-102 突击步枪发射 5.56×45 毫米弹药，而 AK-104 突击步枪则发射 7.62×39 毫米弹药。

俄罗斯AK-105突击步枪

小档案

口　径：	5.45毫米
全　长：	824毫米
有效射程：	500米
枪口初速：	840米/秒
弹 容 量：	30/60发（弹匣）/100发（弹鼓）

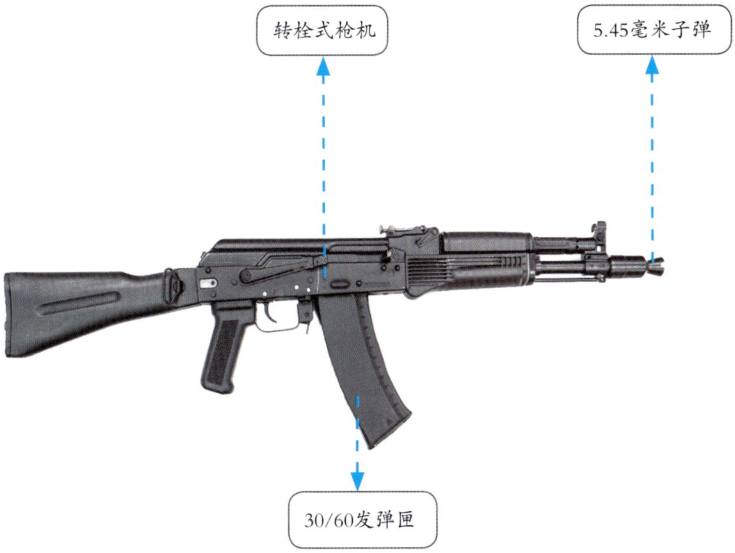

AK-105 突击步枪是俄罗斯生产的 AK-74M 突击步枪的缩短版本，该枪来自原来的 AK-47 及其后继衍生型 AK-74 的设计，为 AK 枪族的成员之一。AK-105 与 AK-102、AK-104 的设计非常相似，唯一的区别在于口径及相应的弹匣类型，AK-105 发射的是 5.45×39 毫米步枪子弹。

俄罗斯AK-107突击步枪

小档案

口　径：	5.45毫米
全　长：	943毫米
有效射程：	400米
枪口初速：	900米/秒
弹容量：	30/60发

AK-107突击步枪是俄罗斯开发的5.45×39毫米口径突击步枪，是AK-100枪族的成员之一。该枪的射击模式有单发、三发点射和全自动连射三种，使用三发点射模式时，即使只打出了1发或2发子弹，下次扣动扳机时自动机仍会自动复位到初始状态，即无论什么情况下扣动扳机都能确保最多只发射3发子弹。

俄罗斯AK-12突击步枪

小档案

口　径：	5.45毫米
全　长：	945毫米
有效射程：	625～800米
枪口初速：	900米/秒
弹容量：	30/60发（弹匣）/100发（弹鼓）

AK-12是伊兹玛什公司针对AK枪族常见缺陷而改进及生产的现代化突击步枪。该枪是AK枪族最新的成员，于2012年初正式亮相，并于当年完成初步测试。国家及验收测试计划于2013年初开始，2014年12月，俄罗斯国防部宣布AK-12已经通过国家测试，2018年1月，AK-12突击步枪正式获得俄罗斯军队采用。

俄罗斯AN-94突击步枪

小档案

口　径：	5.45毫米
全　长：	943毫米
有效射程：	700米
枪口初速：	900米/秒
弹容量：	30/45/60发

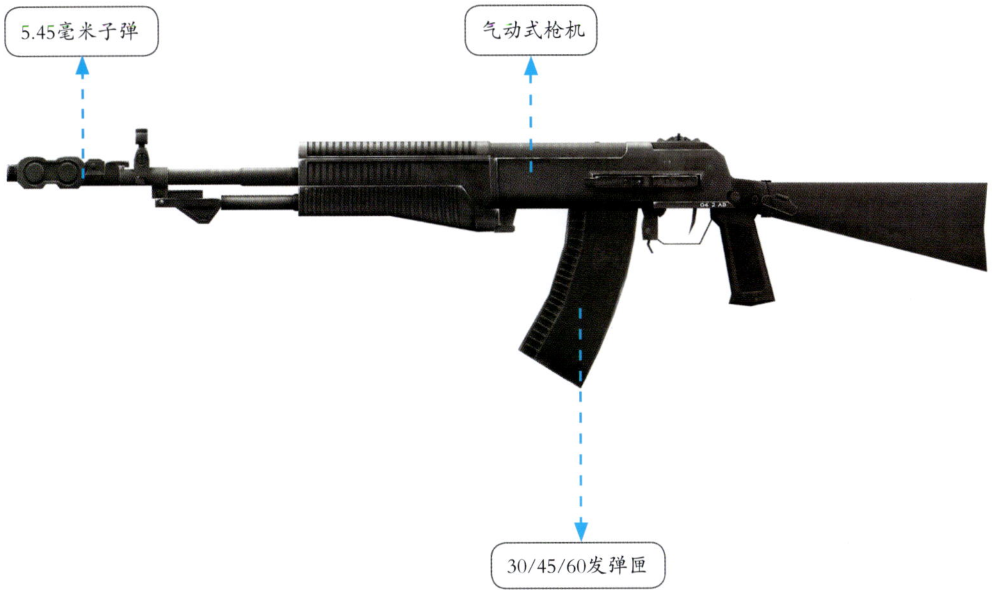

AN-94 是俄罗斯现役的现代化小口径突击步枪，发射 5.45×39 毫米（M74）口径弹药，由 30 发或 45 发容量的 AK-74 弹匣和 60 发 4 排弹匣供弹。由于该枪的枪机组件比枪管 - 机匣组件在质量上要轻许多，而且其后坐到位的撞击作用于浮动的套匣尾部，因此枪机组件的后坐对射击精度的影响较小。

▲ 士兵使用 AN-94 突击步枪准备进行射击测试

趣味小知识

在网络游戏《穿越火线》中，AN-94 是一支命中率和可控性都很高的枪械。

▲ 士兵在雪地环境中使用 AN-94 突击步枪

俄罗斯ASh-12.7突击步枪

小档案

口　径：	12.7毫米
全　长：	1020毫米
有效射程：	200米
枪口初速：	315米/秒
弹容量：	10/20发

ASh-12.7是由俄罗斯枪械设计师弗拉基米尔·V. 佐罗宾在俄罗斯联邦安全局的要求下研制、卡拉什尼科夫集团生产的大口径无托结构突击步枪。该枪是一种近身距离作战及城市作战专用的武器，发射12.7×55毫米口径步枪子弹。该枪的研制目的是为如俄罗斯联邦安全局这样在城市环境战斗的特种部队对付恐怖分子势力时使用。

俄罗斯OTs-12突击步枪

小档案

口　径：	9毫米
全　长：	730毫米
有效射程：	200米
枪口初速：	270米/秒
弹容量：	20/25发

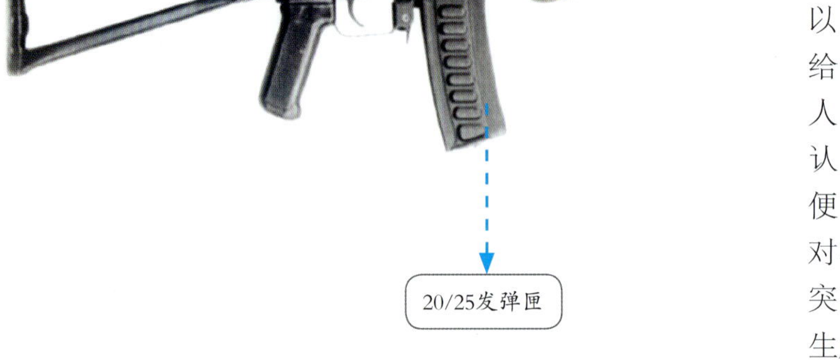

OTs-12是俄罗斯制造的一种现役全自动突击步枪，发射9×39毫米口径亚音速步枪弹药。1993年生产完成以后，数百支OTs-12交付给俄罗斯内务部使用，使用人员对新武器的评价很高，认为该枪不仅小巧、使用轻便，其精准度与穿透力都相对较高。尽管如此，OTs-12突击步枪仍然没有达到大量生产的水平。

俄罗斯OTs-14突击步枪

小档案

口　径：	9毫米
全　长：	610毫米
有效射程：	200米
枪口初速：	300米/秒
弹 容 量：	20/30发

OTs-14 是俄罗斯现役的全自动无托突击步枪，设计初期有 5.45×39 毫米、5.56×45 毫米、7.62×39 毫米和 9×39 毫米 4 种口径，但为满足内务部队在车臣战争中对近战武器的需求，早期只生产了 9×39 毫米的型号。由于采用了无托结构，该枪的便携性提高不少，枪的重量也达到平衡，使其易于单手握持并可以像手枪一样单手射击。

▲ OTs-14 突击步枪分解图

趣味小知识

在游戏《反恐精英 Online》中，该枪的型号为OTs-14-4A-01，命名为“格罗萨”。奇怪的是，该枪两边都有抛壳口而且具空仓挂机，在插入弹匣后枪机会自动复进。

▲ 黑色涂装的 OTs-14 突击步枪

俄罗斯SR-3“旋风”突击步枪

小档案

口　径：	9毫米
全　长：	610毫米
有效射程：	200米
枪口初速：	295米/秒
弹 容 量：	10/20/30发

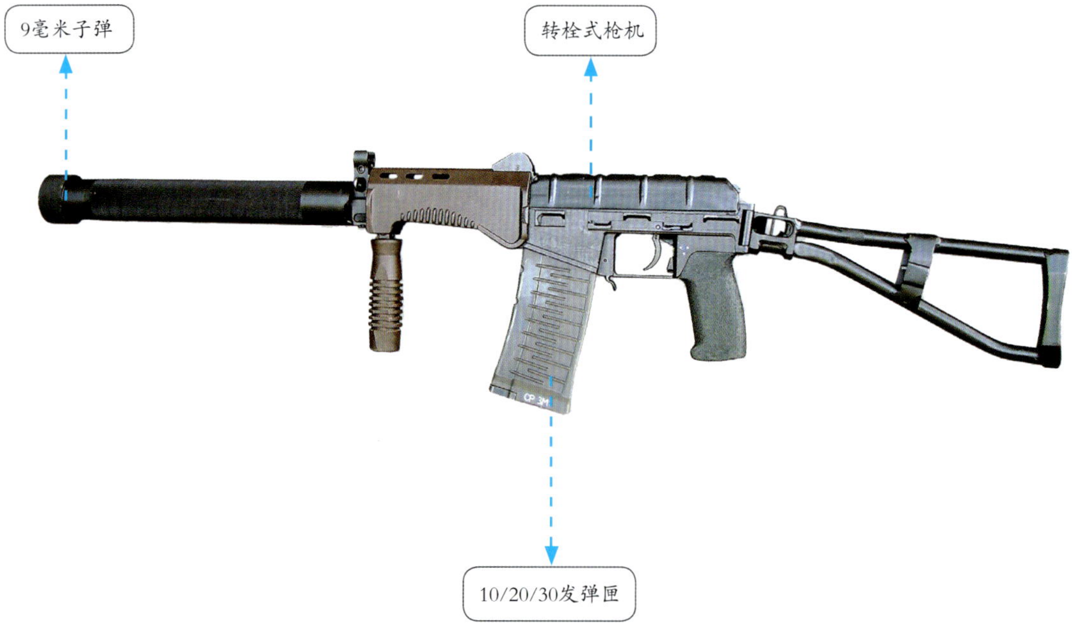

SR-3“旋风”（Vikhr）是由俄罗斯中央研究精密机械制造局研制并生产的一款9毫米口径紧凑型全自动突击步枪。SR-3发射9×39毫米亚音速步枪弹。由于该枪的瞄准基线过短，且亚音速子弹的飞行轨弯曲度太大，所以实际用途与冲锋枪相近，令其实际有效射程仅为100米。不过，这种9×39毫米亚音速步枪弹的贯穿力还是比冲锋枪和短枪管卡宾枪强许多，能在200米距离上贯穿8毫米厚的钢板。

▲ SR-3“旋风”突击步枪及其他配件

▲ 手持状态下的SR-3“旋风”突击步枪

第4章

德国突击步枪入门

由德国制造的StG-44突击步枪是现代步兵轻武器史上划时代的成就之一，几乎每一种武器德国都生产出了世界一流的产品。本章详细介绍了自二战以来由德国制造的突击步枪，并对每一种武器的由来及性能都做了简单描述。

德国StG44突击步枪

小 档 案

口　径：	7.92毫米
全　长：	940毫米
有效射程：	300米
枪口初速：	685米/秒
弹容量：	30发

StG44突击步枪在定型投产时也叫MP44，是德国在二战时期研制并装备的一款突击步枪，它是首先使用了短药筒的中间型威力枪弹并大规模装备的自动步枪，为现代步兵史上划时代的成就之一。StG44突击步枪具有冲锋枪的猛烈火力，连发射击时后坐力小且易于掌握，拥有良好的射击精度，威力也接近普通步枪弹，且重量较轻，便于携带。该枪成功地将步枪与冲锋枪的特性相结合，受到前线部队的广泛好评。

▲ 手持StG44突击步枪的士兵进行射击训练

▲ StG44突击步枪侧面特写

德国StG45突击步枪

小档案	
口　　径：	7.92毫米
全　　长：	940毫米
有效射程：	300米
枪口初速：	640米/秒
弹 容 量：	10/30发

StG45是德国在二战末期研制的一款试验型突击步枪，由毛瑟公司在1945年设计及生产。StG45突击步枪采用与StG44突击步枪相同的7.92×33毫米步枪弹，弹匣容量也同为30发，不过也能使用便于俯伏射姿时的10发弹匣。为了节省弹药及提高连发准确度，该枪的射速被降到每分钟350～450发。虽然没有正式服役，但该枪所使用的由毛瑟设计的滚轮延迟反冲式技术却被后来的许多突击步枪和冲锋枪采用。

德国StG940突击步枪

StG940突击步枪于1980年开始研制，是德国生产的AK步枪衍生型之一，发射北约5.56×45毫米步枪弹，目前除了少部分StG940及其钢制弹匣被作为军剩物资出售外，绝大多数的StG940都没有留存下来，因此现在难以寻找其踪迹。

小档案	
口　　径：	5.56毫米
全　　长：	920毫米
有效射程：	500米
枪口初速：	620米/秒
弹 容 量：	30发

德国Spz-kr突击步枪

小档案	
口　　径：	7.92毫米
全　　长：	680毫米
有效射程：	400米
枪口初速：	381米/秒
弹 容 量：	30发

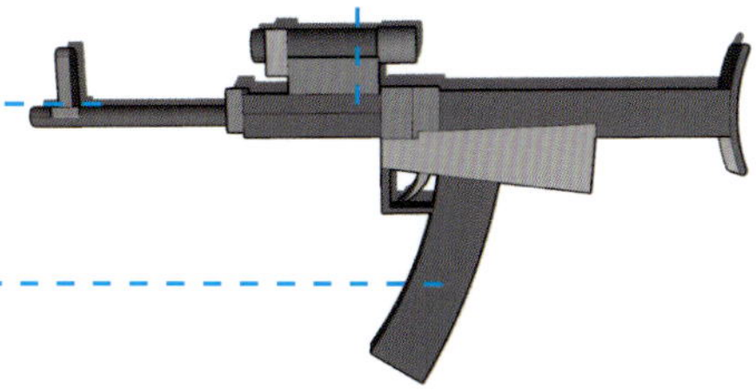

Spz-kr是一款德国于二战末期研制的无托结构突击步枪。该枪与VG1-5半自动步枪、StG45突击步枪和MP 3008冲锋枪等枪械同属“最后一搏”系列的武器。Spz-kr主要以“斯登”冲锋枪的零件组成，其弹匣及弹匣释放钮源于StG44突击步枪。该枪的所有衍生型都能以半自动或全自动模式射击。扳机扣一半时为半自动射击，继续往后扣则为全自动射击。

德国HK G11突击步枪

小档案

口　径：	4.73毫米
全　长：	750毫米
有效射程：	400米
枪口初速：	930米/秒
弹容量：	45/50发

G11是德国在20世纪60年代后期开始研发，于80年代完成样枪设计的无壳弹无托结构突击步枪。由于采用了新概念的无壳弹药，所以G11突击步枪的研发并不是一件简单的事。其计划长达20年，经费极高。正当G11完成研发之际，冷战结束，要动用大量经费购置新枪械及新子弹的需求突然消失，因此G11计划虽然在技术上成功完成，但却未能获得订单，也未投产。

▲ **HK G11突击步枪及战斗配件**

▲ **黑色涂装的HK G11突击步枪**

德国HK G36突击步枪

小 档 案

口　径：	5.56毫米
全　长：	999毫米
有效射程：	800米
枪口初速：	920米/秒
弹 容 量：	30发（弹匣）/ 100发（弹鼓）

G36 是德国黑克勒－科赫公司（HK 公司）于 1995 年推出的一款现代化突击步枪。该枪发射 5.56×45 毫米北约标准弹药，精确度较佳，从 100 米外以半自动模式快速射击，弹着点的圆概率误差分布在 5.08 ～ 6.35 厘米之间。设计模式有单发、2 发点射、3 发点射和全自动发射，取决于不同型号的扳机组。

▲ 使用 HK G36 突击步枪的德军士兵

趣味小知识

在游戏《战地之王》中有两个版本的 G36。一个是新手送的 G36，该枪威力较小，因此大部分玩家不喜欢使用该枪，但由于精度和稳定性极高，所以也有一部分高手称为隐藏的神器。另一个版本为商城 G36 Rail，该枪的精度和稳定性非常高，且射速较高，非常适合新手使用，但也比较破坏手感。

▲ 德军士兵手持 HK G36 突击步枪进行任务训练

德国HK G41突击步枪

小档案	
口　径：	5.56毫米
全　长：	997毫米
有效射程：	800米
枪口初速：	950米/秒
弹容量：	20/30发（弹匣）/100发（弹鼓）

G41突击步枪是德国HK公司为取代老化的G3自动步枪而开发，但因造价昂贵而未能得到德国国防军的青睐，最终被后来出现的G36突击步枪所取代。由于没有一个军队或是执法机关大规模装备该枪，所以HK公司于1996年将其从公司的目录中删除，并停产。但意大利军火生产商路易吉·弗兰基曾获得该枪的生产权。

德国HK33突击步枪

小档案	
口　径：	5.56毫米
全　长：	919毫米
有效射程：	400米
枪口初速：	920米/秒
弹容量：	20/30/40发

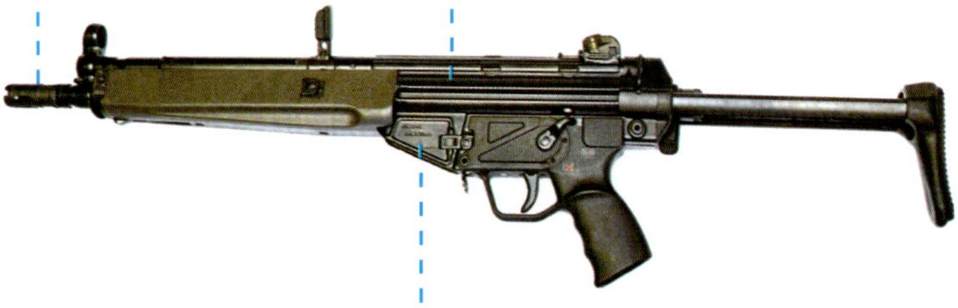

HK33是德国HK公司推出的第一种5.56×45毫米北约标准口径突击步枪，于1968年起生产，基于HK G3的设计缩小改进而成。HK33可通用MP5及G3系列的枪托，也对应HK79 40毫米榴弹发射器及空包弹助退器。

德国HK416突击步枪

小档案

口　径：	5.56毫米
全　长：	797毫米
有效射程：	500米
枪口初速：	788米/秒
弹容量：	20/30发

HK416是由德国HK公司结合G36突击步枪和M4卡宾枪的优点设计成的一款突击步枪。由于HK416沿用了很多M16枪族结构，且外形也与之相似，所以对惯用M16枪族的人来说很容易上手。在2007年7月美国陆军的射击测试中，HK416突击步枪仅卡弹233次，可靠性远超M4卡宾枪的882次，不过比XM8的127次要差。

▲ 装备德军士兵的HK416突击步枪

趣味小知识

在游戏《战地之王》中，HK416是一款射速快、威力大的突击步枪，不过它也有着明显的缺点，那就是射程较低。

▲ 射击状态下的HK416突击步枪

德国HK433突击步枪

小档案

口　径：	5.56毫米
全　长：	843毫米
有效射程：	800米
枪口初速：	900米/秒
弹容量：	30发

HK433是德国HK公司推出的最新型模组化突击步枪，发射5.56×45毫米小口径步枪子弹。HK433突击步枪目前被HK公司用于参与德国联邦国防军的新型制式步枪招标，以望能够击败其他竞争者，取代服役超过20年的HK G36突击步枪。

德国HK XM8突击步枪

小档案

口　径：	5.56毫米
全　长：	838毫米
有效射程：	300～500米
枪口初速：	900米/秒
弹容量：	30发（弹匣）/100发（弹鼓）

XM8是德国HK公司为美军研发的一款突击步枪，是美军OICW（Objective Individual Combat Weapon，单兵战斗武器）整合计划中的枪款。尽管外界一直对XM8寄予厚望，并认为该枪将是美军未来大量采用的单兵制式兵器，然而美军在2005年4月宣布暂停XM8计划，并在同年10月正式全面取消XM8的开发。

第5章

比利时突击步枪入门

比利时的赫尔斯塔尔国营工厂（Fabrique Nationale，FN公司）是驰名全球的轻武器厂商之一，由其生产的突击步枪出口至世界多个国家，并且每一种武器都在战场上表现优异，赢得各国的青睐。本章详细介绍了自二战以来由FN公司制造的突击步枪，并对每一种武器的由来及性能都做了简单描述。

比利时FN CAL突击步枪

小档案	
口　径：	5.56毫米
全　长：	980毫米
有效射程：	500米
枪口初速：	970米/秒
弹容量：	20/25/30发

FN CAL突击步枪是FN公司的首款5.56毫米小口径步枪。该枪采用转动式枪机设计，有单发、3发点射和全自动三种射击模式，可算是FAL战斗步枪的小口径版本，不过机匣内部比FAL更加精密。

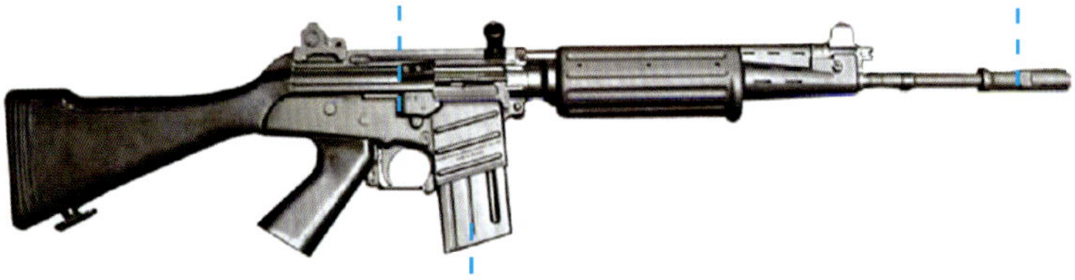

比利时FN FNC突击步枪

小档案	
口　径：	5.56毫米
全　长：	997毫米
有效射程：	450米
枪口初速：	965米/秒
弹容量：	30发

FNC是FN公司于20世纪70年代中期生产的一种突击步枪，在FN CAL突击步枪的基础上改进而成。FNC突击步枪有两种不同长度的枪管：一种是膛线缠距为305毫米的标准枪管，发射美国M193枪弹；另一种是膛线缠距为178毫米的短枪管，发射比利时SS109枪弹。两种枪管可以互换使用。

比利时FN F2000 突击步枪

小档案

口　径：	5.56毫米
全　长：	688毫米
有效射程：	500米
枪口初速：	910米/秒
弹 容 量：	30发

F2000 是 FN 公司研制的一款突击步枪。该枪于 2001 年 3 月在阿拉伯联合酋长国阿布扎比举行的展览会上首次正式亮相，目前已被不少国家的特种部队采用。F2000 采用无托结构，虽然有 400 毫米长的枪管，但全长仅 688 毫米。此外，F2000 还默认使用 1.6 倍瞄准镜，在加装专用的榴弹发射器后，也可换装具测距及计算弹着点的专用火控系统。

▲ 秘鲁海军陆战队士兵使用 FN F2000 突击步枪进行任务训练

趣味小知识

《穿越火线》游戏于“全民挑战”版本中出现 F2000 突击步枪，该枪有“绿魔”和“红魔”两种版本，其获得方式为挑战模式 500000 分得黄金箱有机会获得，期限 7 天，700000 分得水晶箱也可获得。

▲ 手持 FN F2000 突击步枪的巴基斯坦空军士兵

比利时FN SCAR突击步枪

小档案

口　径：	5.56/7.62毫米
全　长：	889/965毫米
有效射程：	500/600米
枪口初速：	870/714米/秒
弹容量：	20/30发

SCAR是SOF Combat Assault Rifle（特种部队战斗突击步枪）的简称，由FN公司于2007年7月开始小批量量产，并有限配发给军队使用。SCAR枪族有两种版本，即轻型版（SCAR-L）和重型版（SCAR-H）。两个版本的上机匣基本相同，只是抛壳窗的尺寸有些差别。其他的不同之处主要在于枪管、枪机、下机匣和弹匣等。

▲ FN SCAR突击步枪及配件

趣味小知识

在游戏《穿越火线》中，SCAR是CF点武器，其中L版的特点是头两发子弹精度较高，持枪移动速度快，缺点是射速慢、后坐力大；H版的特点是子弹威力大，但持枪速度一般，且同L版一样射速慢、后坐力大。

▲ 美军士兵正在使用FN SCAR突击步枪

第6章

其他国家突击步枪入门

在军事武器中的轻武器一行，有一个广为流传的说法，即“大国重武器，小国轻兵器”。显然其中的意思是说，大国比较偏重重型武器，而小国反而是轻武器大国。因此除美国、俄罗斯等军事大国外，其他国家在突击步枪上投入的心力可谓“费尽心思”。本章详细介绍了由其他国家制造的突击步枪，并对每一种武器的由来及性能都做了简单描述。

英国SA80突击步枪

小档案

口　径：	5.56毫米
全　长：	785毫米
有效射程：	450米
枪口初速：	900米/秒
弹容量：	30发

SA80是一款英国生产的发射5.56×45毫米北约标准弹药的无托结构突击步枪，英军编号为L85。直到今天，改进后的L85A2仍在英军中服役。此外，L86轻武器、短枪管L22卡宾枪和L98教练用枪都是SA80系列的成员。

英国EM-2突击步枪

小档案

口　径：	7毫米
全　长：	889毫米
有效射程：	700米
枪口初速：	771米/秒
弹容量：	20发

EM-2（Experimental Model 2，意为“试验二型”）是移民到英国的波兰枪械设计师卡齐米日·雅努谢夫斯基（化名斯特凡·肯尼思·詹森）于1948年设计出的一款无托结构突击步枪，该枪于1951年以试验武器的名义少量进入英军服役。EM-2突击步枪采用了无托结构，并附有光学瞄准镜，在当时是一种非常前卫的设计。

法国FAMAS突击步枪

小档案

口 径：	5.56毫米
全 长：	757毫米
有效射程：	300米
枪口初速：	960米/秒
弹 容 量：	25/30发

FAMAS 是法国地面武器工业集团（GIAT）生产的一款无托式突击步枪，具有短小精悍的特点。FAMAS 的外形非常有特色，自带的两脚架，长长的整体式瞄具提把，枪机置于枪托内，抛壳方向可以左右两边变换。该枪无需安装附件即可发射枪榴弹，包括反坦克弹、人员杀伤弹、反器材弹、烟雾弹或催泪弹。

趣味小知识

FAMAS 突击步枪首次在游戏《反恐精英（CS）》系列中亮相是出现在 CS 1.6 里，购买价格为 2250 游戏币，弹匣容量 25 发，常被 CT（反恐力量）在经济不佳时作为 M4 的替代品使用，且性能颇佳。此外，FAMAS 突击步枪还是不少战争影片和警匪影片中的常客。

▲ 法国士兵正在使用 FAMAS 突击步枪

▲ 士兵手持迷彩涂装的 FAMAS 突击步枪

法国FAMAS F1突击步枪

小档案	
口 径：	5.56毫米
全 长：	719毫米
有效射程：	300米
枪口初速：	960米/秒
弹 容 量：	25发

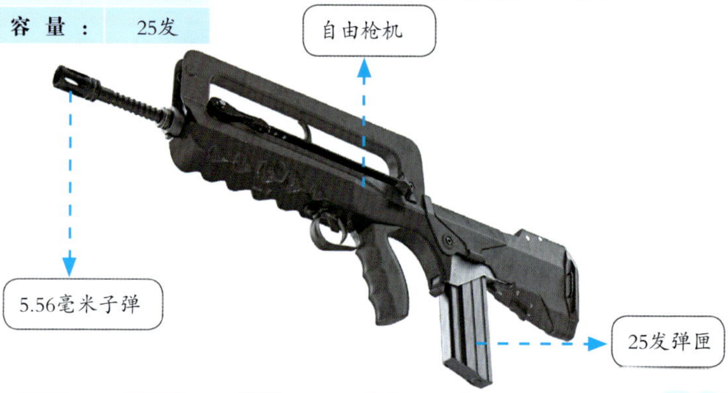

FAMAS F1是法国最早期设计的突击步枪，当时配有25发直弹匣，附有提高射击精度的两脚架，结构坚固的脚架长度不可调整，底座为塑料，平时折叠在上护木的两侧，使用时需将脚架旋出到最大位置。FAMAS F1曾经出口，现已停产，被FAMAS G1及G2取代，但在法军中仍然服役。

法国FAMAS G1突击步枪

FAMAS G1是F1突击步枪的改进型，使用25发直弹匣，原本F1有约200个零部件，而G1的零部件减少到只有约150个，改进生产方法以降低成本。G1的扳机护环改为握把护环，移除枪口上的枪榴弹发射装置。G1的最高射速亦有所提高。

小档案	
口 径：	5.56毫米
全 长：	750毫米
有效射程：	300米
枪口初速：	960米/秒
弹 容 量：	25发

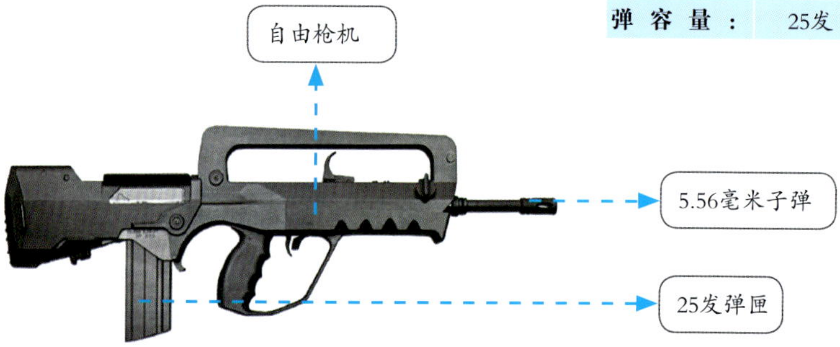

法国FAMAS G2突击步枪

小档案	
口 径：	5.56毫米
全 长：	757毫米
有效射程：	450米
枪口初速：	925米/秒
弹 容 量：	30发

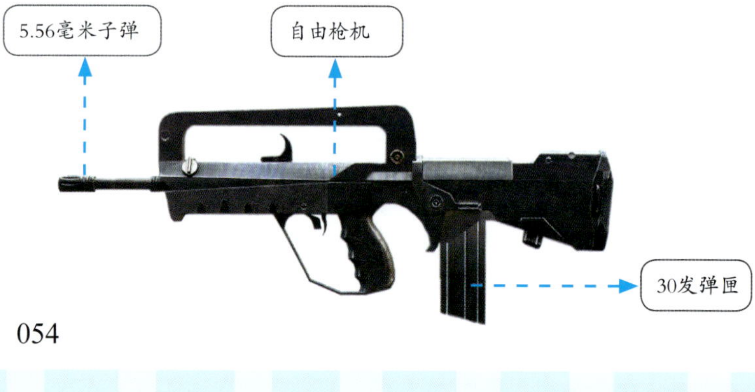

FAMAS G2突击步枪是基于FAMAS G1的改进型，改为使用30发北约标准STANAG弹匣（5.56×45毫米口径步枪标准弹匣），基本内部设计与G1没有分别，但独立衍生出一个G2枪族。

以色列TAR-21突击步枪

小档案

口　径：	5.56毫米
全　长：	725毫米
有效射程：	600米
枪口初速：	910米/秒
弹容量：	30发（弹匣）/100发（弹鼓）

TAR-21 是一款采用 5.56×45 毫米北约弹药的以色列无托结构突击步枪。TAR-21 的设计考虑了更先进的人体工程学和复合材料等问题，令使用者可以使用一支更舒适和更可靠的步枪。TAR-21 的快慢机在握把的上方，可以调成半自动射击、三发点射模式以及全自动射击，大拇指可轻松操作。

▲ 手持 TAR-21 突击步枪于红场上受阅的阿塞拜疆士兵

趣味小知识

在游戏《反恐精英 Online》中，TAR-21 使用哑黑色枪身，装有 EO-Tech 全息瞄准镜，并对僵尸有加倍击退力。

▲ 装备 TAR-21 的危地马拉海军特种部队士兵

以色列加利尔突击步枪

小档案

口　径：	5.56/7.62毫米
全　长：	742毫米
有效射程：	300～500米
枪口初速：	980米/秒
弹容量：	35/50发

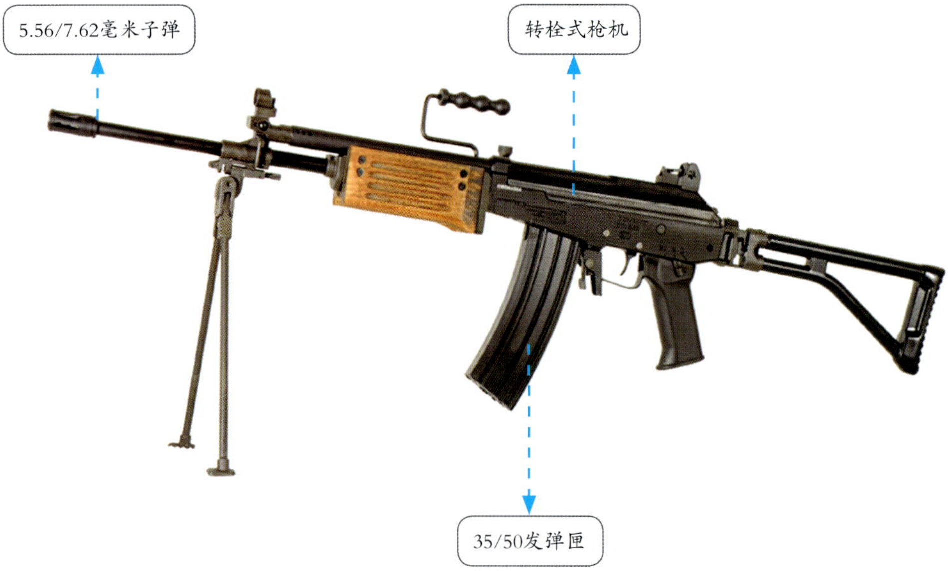

加利尔是以色列军事工业公司（IMI）于20世纪60年代末研制的一种步枪，由以色列人加利尔（Yisrael Galili）和雅各布·利奥尔（Yaacov Lior）于1971年设计。该枪有5.56×45毫米和7.62×51毫米两种口径，其中5.56×45毫米型为突击步枪，7.62毫米是自动步枪。

▲ 加利尔突击步枪 3D 模型图

趣味小知识

在电影《生化危机2：启示录》中，曾出现型号为微型加利尔的突击步枪，装上C-More红点镜、前握把、激光指示器和电筒，被卡洛斯·奥利韦拉（欧迪·费尔饰演）和保护伞公司的队员所使用。

▲ 美国士兵正在演示组装加利尔突击步枪

以色列加利尔ACE突击步枪

小档案

口　径：	5.56/7.62毫米
全　长：	975毫米
有效射程：	500米
枪口初速：	915米/秒
弹容量：	35/50发

加利尔 ACE 是以色列军事工业（IMI）在加利尔步枪的基础上改进而来的新型突击步枪，其特许由哥伦比亚军事工业公司及其他国家的军工厂生产。加利尔 ACE 与其前身加利尔突击步枪一样是可选射自动武器。它使用来自 AK 系列步枪的长行程活塞传动型气动式操作系统，其好处是无需调节和采用闭锁式枪机都能够射击。

以色列X95突击步枪

小档案

口　径：	5.45/5.56毫米
全　长：	580毫米
有效射程：	600米
枪口初速：	860米/秒
弹容量：	30发（弹匣）/100发（弹鼓）

X95 是由 IMI 专门为特种部队以及通常不使用长管突击步枪的军事人员研制及生产的无托结构突击步枪，可通过零件转换套件包变成无托结构冲锋枪。该枪最明显的特征就是护木前端具有一个向外扩展的喇叭形扩口处理，以防止使用者在黑暗等情况下使用时手指伸到枪管前方而受伤。

奥地利斯泰尔AUG突击步枪

小档案

口　径：	5.56毫米
全　长：	690～790毫米
有效射程：	450～600米
枪口初速：	940米/秒
弹容量：	30/42发

斯泰尔AUG是奥地利斯泰尔－曼利夏公司推出的一款军用突击步枪，是史上第一款正式列装、实际采用无托式设计的军用步枪。AUG的整枪长度在不影响弹道表现下缩短了约25%，并在大多数枪型上装配了1.5倍光学瞄准镜。该枪的弹匣为半透明式，以方便射手快速检视弹匣内子弹存量。斯泰尔－曼利夏公司除原装生产外，还将生产权授予其他国家。例如马来西亚的SME军械公司在1991年获斯泰尔－曼利夏公司授权生产AUG，并在2004年跟斯泰尔－曼利夏公司共同生产；澳大利亚为其授权生产的AUG重新命名为F88。

▲ 使用AUG突击步枪的奥地利士兵

▲ 新西兰士兵使用AUG突击步枪执行任务

趣味小知识

在游戏《穿越火线》中，AUG是一款性能优良的突击步枪，其最大特点是装有瞄准镜，非常时刻中远距离上的点射。其总体性能相当稳定。

奥地利斯泰尔AUG A1突击步枪

小档案	
口　径：	5.56毫米
全　长：	700毫米
有效射程：	480米
枪口初速：	940米/秒
弹容量：	30/42发

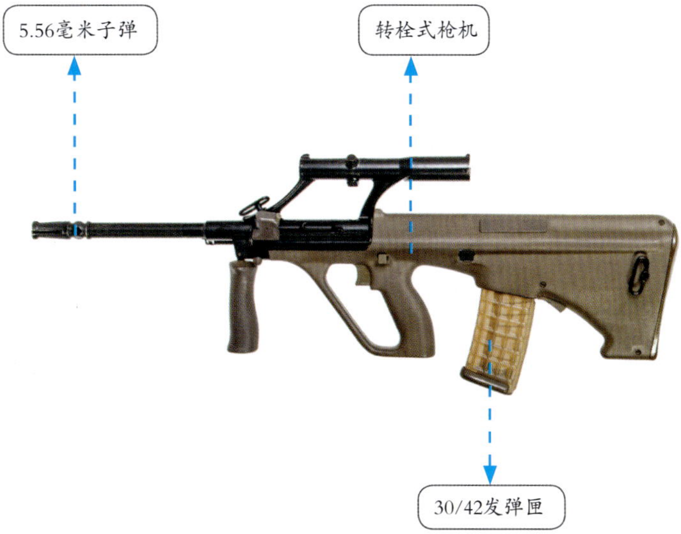

AUG A1突击步枪是AUG突击步枪的标准型，枪管长508毫米，瞄准镜兼提把与机匣为一体的。该枪是奥地利陆军和其他装备AUG的国家大多数士兵所配备的型号，奥地利陆军的编号为STG77。

奥地利斯泰尔AUG A2突击步枪

小档案	
口　径：	5.56毫米
全　长：	720毫米
有效射程：	500米
枪口初速：	910米/秒
弹容量：	30/42发

AUG A2突击步枪同样是AUG突击步枪的衍生型，于1997年开始生产。该枪与A1的不同之处在于：A2机匣上的瞄准镜可以卸去，换成一个M1913标准导轨。

奥地利斯泰尔AUG A3突击步枪

小档案

口　径：	5.56毫米
全　长：	750毫米
有效射程：	550米
枪口初速：	890米/秒
弹容量：	30/42发

AUG A3突击步枪是AUG突击步枪的衍生型。该枪与AUG突击步枪的区别主要是增加了皮卡汀尼导轨，此外还采用了新设计的榴弹发射器。其缺点是瞄准镜、把手太小，近身搏击后容易折断。

奥地利斯泰尔ACR突击步枪

小档案

口　径：	5.56毫米
全　长：	780毫米
有效射程：	300米
枪口初速：	1450米/秒
弹容量：	24发

斯泰尔ACR（Steyr ACR）突击步枪是斯泰尔－曼利夏公司为美军20世纪90年代初的ACR计划而设计的一款使用箭形弹的突击步枪。虽然该枪的设计非常优秀，但是ACR计划因提交的四款设计没有一款能达到性能超越M16A2 100%的标准而被作罢。

瑞士SIG SG 516突击步枪

小档案	
口 径：	5.56/7.62毫米
全 长：	838毫米
有效射程：	300米
枪口初速：	850米/秒
弹 容 量：	5/10/20/30/40发

SG 516 是由瑞士西格－绍尔公司（SIG 公司）制造的缩短版本突击步枪，在 2010 年 SHOT Show（美国著名枪展）上首次亮相。该枪是以较早期型 5.56 毫米口径 AR−15 突击步枪和 M16 突击步枪为蓝本，主要发射 5.56×45 毫米北约口径制式步枪弹，也有些型号发射 7.62×39 毫米和 7.62×35 毫米步枪弹。

瑞士SIG SG 540突击步枪

小档案	
口 径：	5.56毫米
全 长：	950毫米
有效射程：	100～500米
枪口初速：	980米/秒
弹 容 量：	20/30发

SG 540 是由 SIG 公司于 1970 年初期研制的小口径突击步枪，其最初的研制目的是为了取代 SG 510 自动步枪以成为瑞士武装部队的新一代制式步枪。然而瑞士武装部队最终却没有采用此枪，反而采用了 SG 550 突击步枪。而 SG 540 及其衍生型主要用于出口。

瑞士SIG SG 550突击步枪

小档案

口　径：	5.56毫米
全　长：	998毫米
有效射程：	100～400米
枪口初速：	905米/秒
弹容量：	5/10/20/30发

SG 550是由SIG公司设计及制造的一款突击步枪，被世界多个国家的军队及执法部门采用。瑞士军队装备的SG 550步枪只配发20发弹匣，但SIG公司还生产了5发、10发、20发和30发容量的弹匣，通常海外用户使用的SG 550标准型会采用30发弹匣。

▲ SG 550突击步枪不完全分解图

趣味小知识

在2018年初上映的电影《红海行动》中，有一把型号为SG 550标准型的突击步枪，被中国海军“蛟龙突击队”观察手李懂（尹昉饰）所使用，加装了消音器、狙击镜以及导轨型护木。

▲ 搭在两脚架上的SG 550突击步枪

瑞士SIG SG 556突击步枪

小 档 案

口　径：	5.56毫米
全　长：	838毫米
有效射程：	300米
枪口初速：	890米/秒
弹 容 量：	5/10/20/30/75发（弹匣）/100发（弹鼓）

SIG SG 556 是由 SIG 公司制造的突击步枪，是 SIG SG 550 系列突击步枪的美国制半自动民用型，主要发射 5.56×45 毫米北约口径制式步枪弹，不过也有些型号发射 7.62×39 毫米口径步枪弹。

瑞士SIG M400突击步枪

小 档 案

口　径：	5.56/7.62毫米
全　长：	1003毫米
有效射程：	300米
枪口初速：	870米/秒
弹 容 量：	5/10/20/30/40发

SIG M400 是由 SIG 公司制造的缩短版本突击步枪。该枪以较早期型 5.56 毫米口径 AR-15 突击步枪和 M16 突击步枪为蓝本，主要发射 5.56×45 毫米北约口径制式步枪弹，但有些型号也可发射 7.62×35 毫米步枪弹。

瑞士SIG MCX突击步枪

小档案

口　径：	5.56/7.62毫米
全　长：	527.65毫米
有效射程：	400米
枪口初速：	900米/秒
弹 容 量：	5/10/20/30/40发

MCX是由SIG公司制造的突击步枪，目前可发射5.56×45毫米、7.62×35毫米和7.62×39毫米这三种口径的步枪弹。根据SIG公司对该步枪的描述，这是一种“经过彻底改造以后成为短、轻量、微声”的武器。

巴西IMBEL IA2突击步枪

小档案

口　径：	5.56/7.62毫米
全　长：	850毫米
有效射程：	300～600米
枪口初速：	920米/秒
弹 容 量：	20/30/40发

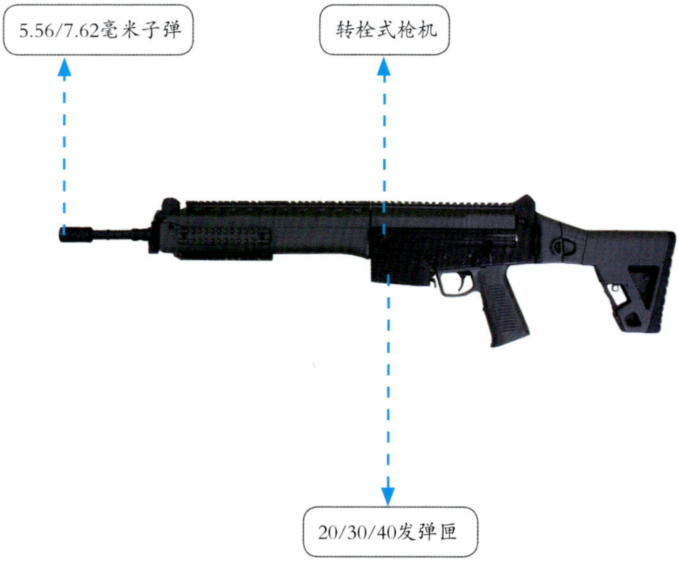

IMBEL IA2是由巴西军用器材工业集团设计的突击步枪，主要目的是取代巴西武装部队服役的FN FAL、M16A2、HK33、SIG SG 550等突击步枪。该枪发射5.56×45毫米和7.62×51毫米两种北约口径步枪子弹。这也是巴西首支完全本土生产的突击步枪。

小档案

口　径：	5.56毫米
全　长：	738毫米
有效射程：	550米
枪口初速：	975米/秒
弹容量：	20/30发

巴西LAPA FA-03突击步枪

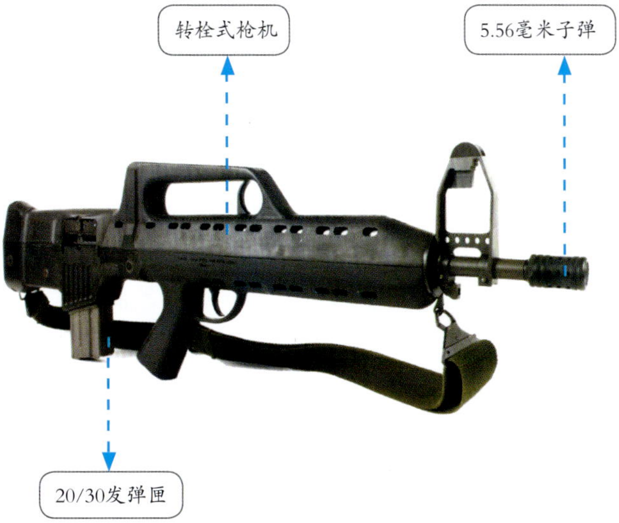

LAPA FA-03 是由巴西自动武器研究实验室有限公司（LAPA）研制的犊牛式突击步枪，作动方式与多数传统设计的突击步枪相同，发射 5.56×45 毫米北约标准弹。值得一提的是此枪并没有手动保险，而其扳机更是双动式设计，这种设计常见于半自动手枪及左轮手枪上，却鲜有大型枪械采用。由于缺乏订单，该枪在 1983 年只生产了 500 支左右，其后连生产商也倒闭了。

巴西IMBEL MD-2突击步枪

小档案

口　径：	5.56毫米
全　长：	1010毫米
有效射程：	300米
枪口初速：	740米/秒
弹容量：	20/30发

MD-2 是巴西军用物资工业公司（IMBEL）于 1982 年开始研制的一款突击步枪。该枪最初原型被命名为 MD-1，改进后于 1985 年定型，命名 MD-2，并正式装备巴西军队和军事警察部队。

巴西IMBEL MD-97突击步枪

小档案

口　径：	5.56毫米
全　长：	1010毫米
有效射程：	600米
枪口初速：	920米/秒
弹容量：	20/30发

MD-97突击步枪是由IMBEL MD-2突击步枪改进而成的。该枪主要有两个基本型号：长枪管型为MD-97L，主要供军队使用；短枪管型叫MD-97LC，主要为警察使用，只能半自动射击。MD-97突击步枪的结构原理与MD-2基本相同，弹匣也可以互相通用，不过据称该枪的枪管寿命很短，仅有6000发。

罗马尼亚PA md. 86突击步枪

小档案

口　径：	5.45毫米
全　长：	943毫米
有效射程：	100～1000米
枪口初速：	880米/秒
弹容量：	30发

PA md. 86是罗马尼亚研制的突击步枪，至今仍为罗马尼亚军队的制式步枪。该枪是少数具有三发点放功能的AK步枪。较特别的是，罗马尼亚本国使用的PA md. 86配用一种金属冲压成形的弹匣，而非AK-74突击步枪的塑料弹匣。

罗马尼亚PM md. 63突击步枪

小档案

口　径：	7.62毫米
全　长：	870毫米
有效射程：	100～1000米
枪口初速：	715米/秒
弹容量：	30发

PM md. 63 是罗马尼亚仿制的 AKM 突击步枪的变型枪。该枪曾为罗马尼亚军队的制式步枪，亦出口到多个国家。PM md. 63 突击步枪的特色是其护木上有一个前翘的小型前握把，可方便射手用以控制枪支并减少后坐力。

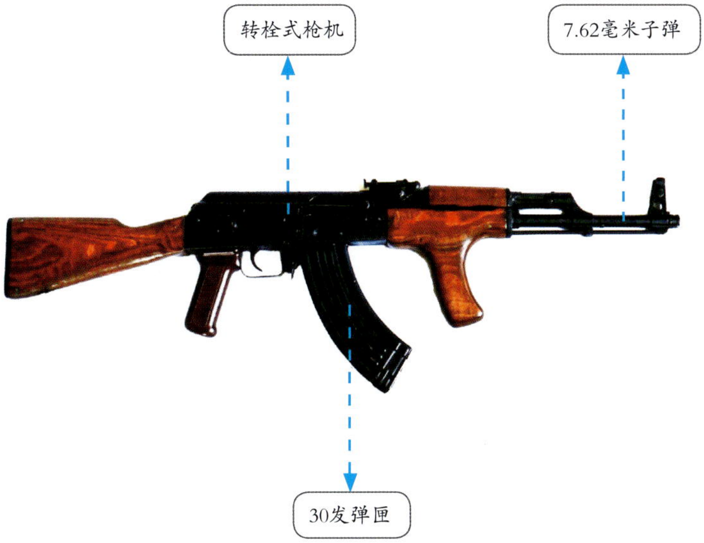

南非R4突击步枪

小档案

口　径：	5.56毫米
全　长：	740毫米
有效射程：	500米
枪口初速：	980米/秒
弹容量：	35/50发

R4 是南非于 20 世纪 80 年代在以色列加利尔突击步枪的基础上改良而成的一款突击步枪。该枪发射 5.56×45 毫米北约标准弹药，主要用于取代南非军队装备的 7.62×51 毫米的 R1 自动步枪（FN FAL 的衍生型）。

南非CR-21突击步枪

小档案

口　径：	5.56毫米
全　长：	760毫米
有效射程：	300～600米
枪口初速：	980米/秒
弹容量：	20/35发

CR-21是南非生产的无托结构突击步枪。该枪由维克多武器公司设计及生产，改进自R4系列。CR-21突击步枪的部分结构与斯泰尔AUG突击步枪相似，以握把护圈取代扳机护圈，以较长而平稳的滑动式扳机取代一般的钩状扳机，另外在握把上增加防滑纹以便射击时更稳定。

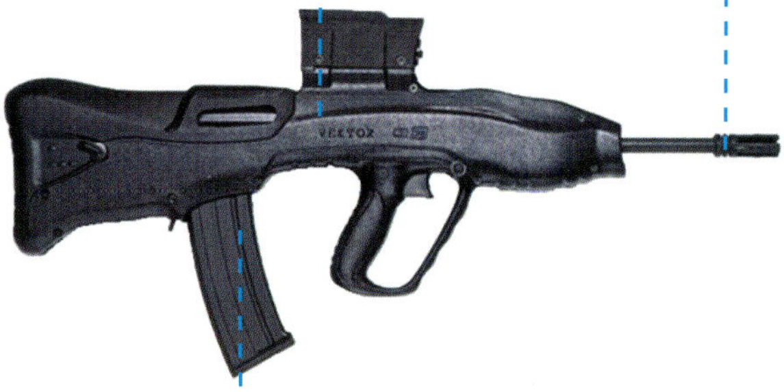

韩国K2突击步枪

小档案

口　径：	5.56毫米
全　长：	970毫米
有效射程：	600米
枪口初速：	920米/秒
弹容量：	20/30发

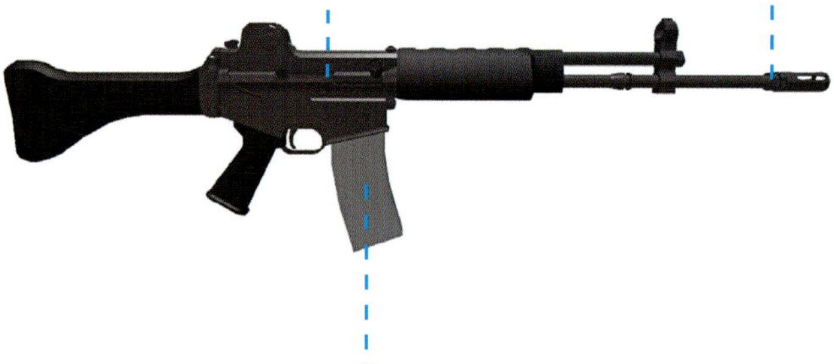

K2突击步枪是韩国大宇集团生产并装备韩国陆军的突击步枪。该枪发射5.56×45毫米北约标准弹药，是一支坚固、耐用且较为精确的突击步枪，深得韩国士兵的喜爱。该枪的护木、握把和可折叠枪托均由高强度聚合物制成，枪机系统由M16突击步枪衍生而来，气动系统是从加利尔突击步枪衍生而来（加利尔的气动系统由AK-47衍生而来），所以比M16更为可靠。

韩国DAR-21突击步枪

小档案

口 径：	5.56毫米
全 长：	750毫米
有效射程：	200米
枪口初速：	940米/秒
弹 容 量：	30发

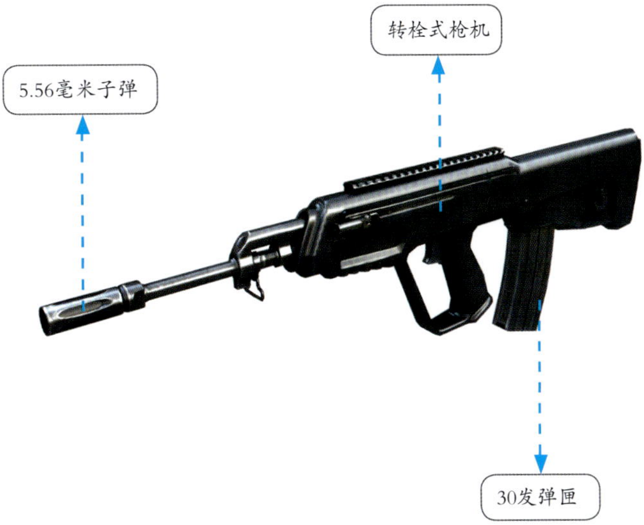

DAR-21也叫大宇XK8，是由韩国大宇精密工业研制及生产的采用无托结构的突击步枪。该枪为韩国军队专门研制，旨在取代K2突击步枪，但由于韩国军队对大宇K11步枪更感兴趣而未能大规模生产。

新加坡SAR 21突击步枪

小档案

口 径：	5.56毫米
全 长：	780毫米
有效射程：	450米
枪口初速：	950米/秒
弹 容 量：	20/30发

SAR 21突击步枪（Singapore Assault Rifle－21st Century，意为：21世纪的新加坡制突击步枪）是由新加坡国防企业新科动力（ST Kinetics）公司自主研发和生产的一支突击步枪，采用了无托结构，是新加坡武装部队的制式步枪。

新加坡SAR 80突击步枪

小档案	
口　径：	5.56毫米
全　长：	738毫米
有效射程：	400米
枪口初速：	970米/秒
弹容量：	20/30发

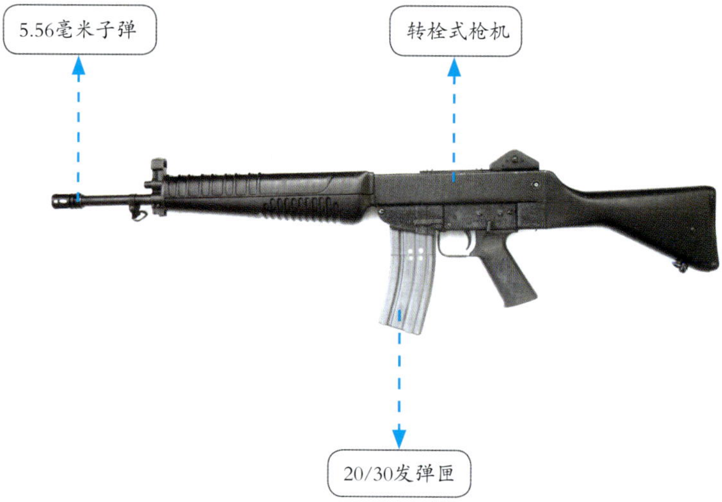

SAR 80（Singapore Assault Rifle 80，意为：80式新加坡突击步枪）是由新加坡国防企业新加坡特许工业公司（Chartered Industries of Singapore，CIS）在20世纪80年代后期自主研发和生产的传统型突击步枪，发射5.56×45毫米北约标准步枪子弹。

亚美尼亚K3突击步枪

小档案	
口　径：	5.45毫米
全　长：	700毫米
有效射程：	400米
枪口初速：	900米/秒
弹容量：	30/45发

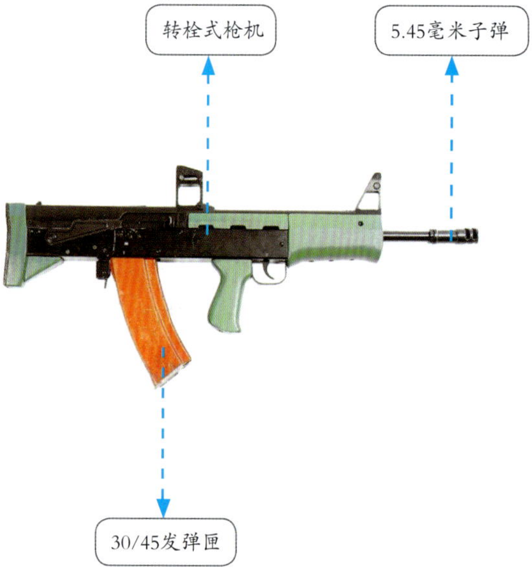

K3突击步枪于1996年10月首次亮相。该枪以AK枪族的操作系统为基础，并重新设计为一支犊牛式（无托式）步枪，其设计构思来自亚美尼亚国防部的军事工业部。K3被认为是一款继承了AK-74所有优点的步枪。该枪不论是耐用性还是火力强度都有着良好的表现，而且由于采用了更小的口径，所以后坐力比AK-74更小。K3较高的精确度及良好的人体工程学设计使得射手使用起来非常舒适，而且由于采用了无托结构的缘故，该枪比AK-74显得更加短小精悍，但同时也限制了射手只能以右手持枪。

亚美尼亚“护盾”突击步枪

小档案

口　径：	5.45毫米
全　长：	920毫米
有效射程：	500～1000米
枪口初速：	1000米/秒
弹 容 量：	30/45发

“护盾”突击步枪最早起源于1952年，其设计师是一名苏联士兵。该枪曾以MBS-2的名义被苏联军队测试，在测试期间发现其弹速比AK-47突击步枪更高，并意味着“护盾”突击步枪的穿透能力比AK-47更胜一筹。尽管如此，此枪最终还是没有被采用。

乌克兰Fort-221突击步枪

小档案

口　径：	5.56毫米
全　长：	645毫米
有效射程：	500米
枪口初速：	890米/秒
弹 容 量：	30发

Fort-221是由乌克兰国营兵工厂RPC Fort所生产的一种无托结构的突击步枪，是以色列制IMI TAR-21突击步枪的授权生产版本。Fort-221突击步枪的设计与TAR-21突击步枪基本相同，并能安装类似于ITL MARS的瞄准镜和其他瞄准具及战术配件。

乌克兰Fort-224突击步枪

小档案

口　径：	5.56/7.62毫米
全　长：	580毫米
有效射程：	500米
枪口初速：	880米/秒
弹容量：	30/100发（弹鼓）

Fort-224突击步枪是Fort-221突击步枪的衍生型，此型号除了有发射5.56×45毫米北约标准弹药的版本外，还有发射9毫米鲁格弹的冲锋枪版。目前，该枪主要装备于乌克兰内务部和联邦安全局的特种部队。

乌克兰Vepr突击步枪

小档案

口　径：	5.45毫米
全　长：	702毫米
有效射程：	450米
枪口初速：	900米/秒
弹容量：	30发

由于乌克兰军队所使用的AKM及AK-74突击步枪已经较为老旧，所以乌克兰国防部计划寻找一款新的突击步枪来取代它们。新的突击步枪就是Vepr突击步枪。它以AK-74改造而成，大部分零件能与AK-74通用，且同样发射5.45×39毫米弹药。但因种种原因，Vepr突击步枪并没有大量装备乌克兰军队。

捷克斯洛伐克/捷克 Vz. 58突击步枪

小档案	
口　径：	7.62毫米
全　长：	845毫米
有效射程：	100～800米
枪口初速：	705米/秒
弹容量：	30发

Vz.58 突击步枪的研发始于 1956 年。当时枪械设计师伊日·塞马克以另一名枪械设计师伊曼纽尔·哈力克所设计的类似于 AK–47 的步枪为基础并加以改良，形成了一款新的突击步枪，这就是 Vz.58。虽然该枪的外形与 AK–47 非常相似，但内部结构却有着很大差别。

捷克CZ–805 “布伦” 突击步枪

小档案	
口　径：	5.56/7.62毫米
全　长：	910毫米
有效射程：	500米
枪口初速：	750米/秒
弹容量：	30发

CZ–805 “布伦”是一款由捷克布罗德兵工厂研制的突击步枪，为捷克军队的新型制式步枪，将完全取代捷克军队之前装备的 Vz.58 突击步枪。CZ–805 “布伦”是一款具现代化外观的模组化单兵武器，它虽然与曾经的竞争对手——比利时 FN SCAR 突击步枪有着相似的外形，但在设计上与之有着明显差异。

小档案	
口　径：	5.45毫米
全　长：	943毫米
有效射程：	500米
枪口初速：	880米/秒
弹容量：	30发

波兰Wz. 1988 “钽”式突击步枪

Wz. 1988“钽”是由位于波兰拉多姆的阿切尔武器工厂在20世纪80年代设计和生产的突击步枪，发射5.45×39毫米口径步枪子弹。“钽”式步枪具有可机械式调节的机械瞄具，包括装在表尺以上前后滑动的缺口式照门和具有两侧半包式护翼的柱状准星。

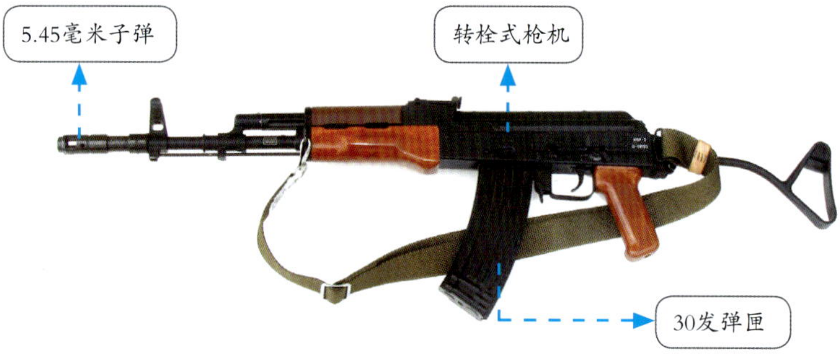

Wz. 1996“铍”是由波兰阿切尔武器工厂设计和生产的突击步枪，发射5.56×45毫米北约口径步枪子弹。该步枪是用以取代波兰武装部队所使用的7.62×39毫米口径AKM突击步枪和5.45×39毫米口径Wz.1988“钽”式两种步枪。

波兰Wz. 1996 “铍”式突击步枪

小档案	
口　径：	5.56毫米
全　长：	943毫米
有效射程：	1000米
枪口初速：	940米/秒
弹容量：	30发

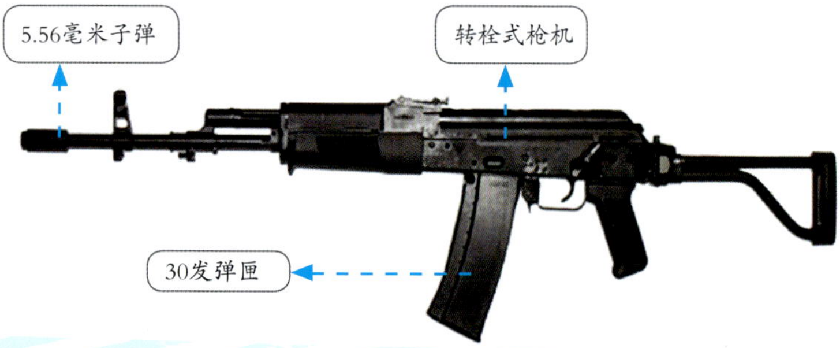

小档案	
口　径：	5.56毫米
全　长：	743毫米
有效射程：	800米
枪口初速：	920米/秒
弹容量：	30发

波兰Wz. 2005 突击步枪

Wz. 2005是波兰研制的一款发射5.56×45毫米口径弹药的小口径突击步枪原型枪。该枪采用犊牛式无托结构设计，其设计基础来自Wz.1996突击步枪，带有AK枪族血统。

波兰MSBS Radon突击步枪

小档案

口　径：	5.56毫米
全　长：	980毫米
有效射程：	500米
枪口初速：	890米/秒
弹容量：	30发

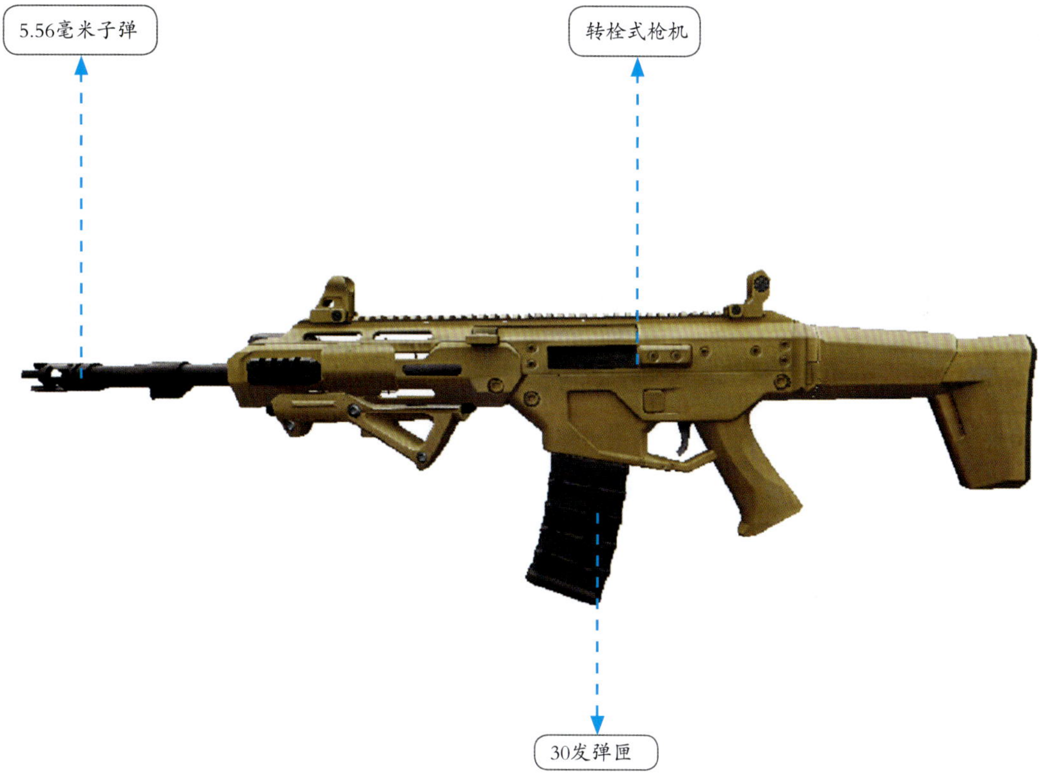

MSBS Radon 突击步枪由波兰制造，目前仍然处于测试阶段，有望成为波兰军队的下一代制式步枪。该枪发射北约的 5.56×45 毫米弹药，但生产商同时也考虑到是否生产 7.62×51 毫米口径型。该枪目前有两个版本，分别为：具有可折叠和伸缩式枪托的标准型及无托型。基于 MSBS Radon 的模组化设计，这两个型号都能够很容易地转换成卡宾枪、狙击步枪或班用型轻机枪。

趣味小知识

在游戏《战争前线》中曾出现型号为 MSBS 无托式突击步枪，被命名为“MSBS Radon”，哑黑色枪身，30 发弹匣。为步枪手专用武器，在商城内贩卖，可以改装枪口配件。

塞尔维亚Zastava M21突击步枪

小 档 案

口　径：	5.56毫米
全　长：	998毫米
有效射程：	450米
枪口初速：	925米/秒
弹容量：	30发

Zastava M21是塞尔维亚研发的一款突击步枪。该枪以苏联卡拉什尼科夫系列为基础改进而成，具有重量轻、结构紧凑和性能可靠的特点。除塞尔维亚军队装备了约7000支Zastava M21突击步枪外，马其顿及伊拉克战争后在伊拉克的一些私人军事承包商和新伊军也装备了一定数量的该型突击步枪。

塞尔维亚Zastava M70突击步枪

小 档 案

口　径：	7.62毫米
全　长：	940毫米
有效射程：	410米
枪口初速：	720米/秒
弹容量：	30发

M70是塞尔维亚扎斯塔瓦武器公司（Zastava Arms）生产的一款7.62毫米口径突击步枪。该枪以AK-47系列为基础设计而成，曾被塞尔维亚军队大量装备。该枪具有全自动和半自动两种发射模式，装有与AK-47S相同的向下折叠式金属枪托，枪口装有向上斜切的制退器。

保加利亚Bakalov突击步枪

小档案	
口　径：	5.56毫米
全　长：	740毫米
有效射程：	500米
枪口初速：	850米/秒
弹容量：	30发

Bakalov是由保加利亚设计师格奥尔基·巴卡洛夫设计的一款无托结构突击步枪。该枪以AK系列为基础，不过被改为了无托设计。虽然此前有多个国家表示对Bakalov感兴趣，但最终该枪还是因经费问题而被迫停止开发，因此只制作出样枪，未进行批量生产。

保加利亚AR-M7F突击步枪

小档案	
口　径：	5.56毫米
全　长：	960毫米
有效射程：	800米
枪口初速：	820米/秒
弹容量：	30发

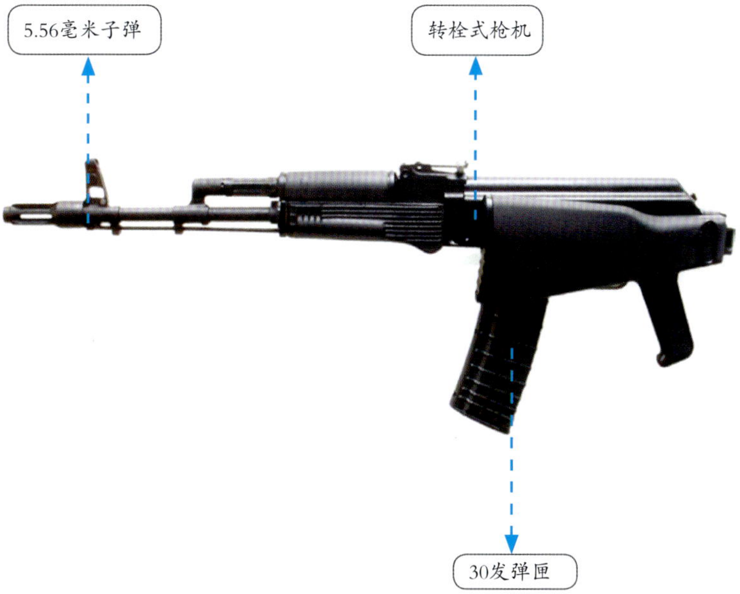

AR-M7F突击步枪是保加利亚阿森纳（Arsenal）公司在AK-74突击步枪的基础上改进而成的。该枪发射5.56×45毫米北约标准弹药，由30发弹匣供弹，表尺射程可达800米。该枪的枪托为木质结构，可向左折叠式，此外也能换装一款可向右侧折叠的金属框架枪托。

意大利伯莱塔AR70/90突击步枪

小档案

口 径：	5.56毫米
全 长：	998毫米
有效射程：	500米
枪口初速：	950米/秒
弹容量：	30发（弹匣）/100发（弹鼓）

伯莱塔AR70/90(Beretta AR70/90)是20世纪70年代由意大利伯莱塔公司所设计和生产的突击步枪，为目前意大利武装部队的制式步枪。伯莱塔AR70/90突击步枪发射5.56×45毫米北约口径步枪弹，并设有枪榴弹瞄准具。该枪连接扳机的保险装置贯穿枪身两侧，以方便左手射手操作使用。

意大利伯莱塔ARX-160突击步枪

小档案

口 径：	7.62毫米
全 长：	920毫米
有效射程：	700米
枪口初速：	930米/秒
弹容量：	30发

ARX-160是意大利伯莱塔公司于21世纪初研制和生产的突击步枪，目前是意大利武装部队的制式步枪和“未来士兵”系统的一部分。2013年2月，阿根廷军队接收到ARX-160突击步枪和GLX-160榴弹发射器，并且由他们的特种部队对两者进行评估。在2013年SHOT Show上，伯莱塔美国子公司还推出了ARX-160的半自动民用型——ARX-100。

小 档 案	
口　径：	5.56毫米
全　长：	765毫米
有效射程：	500米
枪口初速：	950米/秒
弹 容 量：	30发

克罗地亚 VHS突击步枪

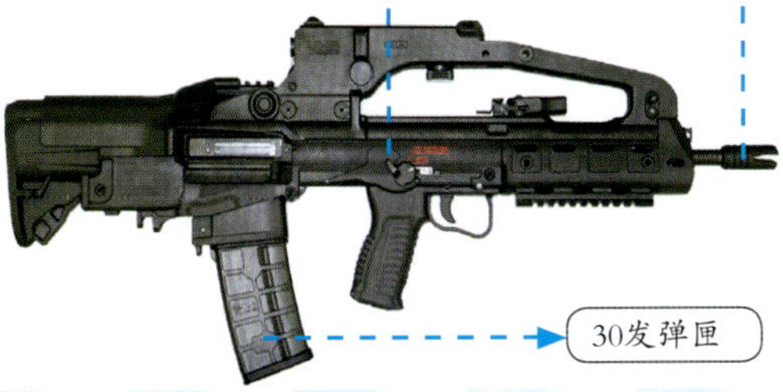

2003 年，克罗地亚开始公开关于 VHS 突击步枪的信息，并于 2 年后公布了一款外表与以色列 TAR−21 非常相似的新型原型枪，并被提交给克罗地亚国防部进行测试。2007 年，克罗地亚国防部订购 50 支该型步枪给部署在阿富汗的国际安全援助部队克罗地亚特遣队以进行实战测试。在测试通过后，VHS 开始进行大规模生产，除克罗地亚外，科威特和委内瑞拉等国也对该枪表示出了浓厚兴趣。

APS−95 突击步枪是根据克罗地亚军队的要求而被开发出来的，大约从 1998 年起开始极少量地装备克罗地亚军队，但接着就没有再采购了。该枪的生产商便试图把 APS−95 外销，可惜多年来都没有取得成功。至今，APS−95 的实际生产数量及军队装备数量仍然成谜。

克罗地亚 APS−95突击步枪

小 档 案	
口　径：	5.56毫米
全　长：	980毫米
有效射程：	400米
枪口初速：	680米/秒
弹 容 量：	35发

小 档 案	
口　径：	5.56毫米
全　长：	1010毫米
有效射程：	400米
枪口初速：	930米/秒
弹 容 量：	30发

瑞典AK−5突击步枪

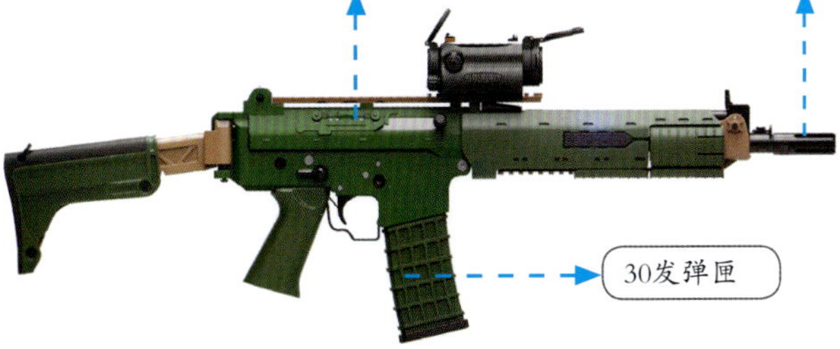

AK−5 是瑞典以 FN FNC 突击步枪为蓝本改进而成的 5.56 × 45 毫米突击步枪。该枪与 FNC 突击步枪的内部设计相同，采用 30 发容量的 STANAG 弹匣（M16 标准弹匣），有半自动及全自动两种发射模式，且所有的衍生型号都能安装 M203 榴弹发射器。

秘鲁SC-2005突击步枪

小档案

口　径：	5.56毫米
全　长：	825毫米
有效射程：	300米
枪口初速：	950米/秒
弹容量：	30发（弹匣）/100发（弹鼓）

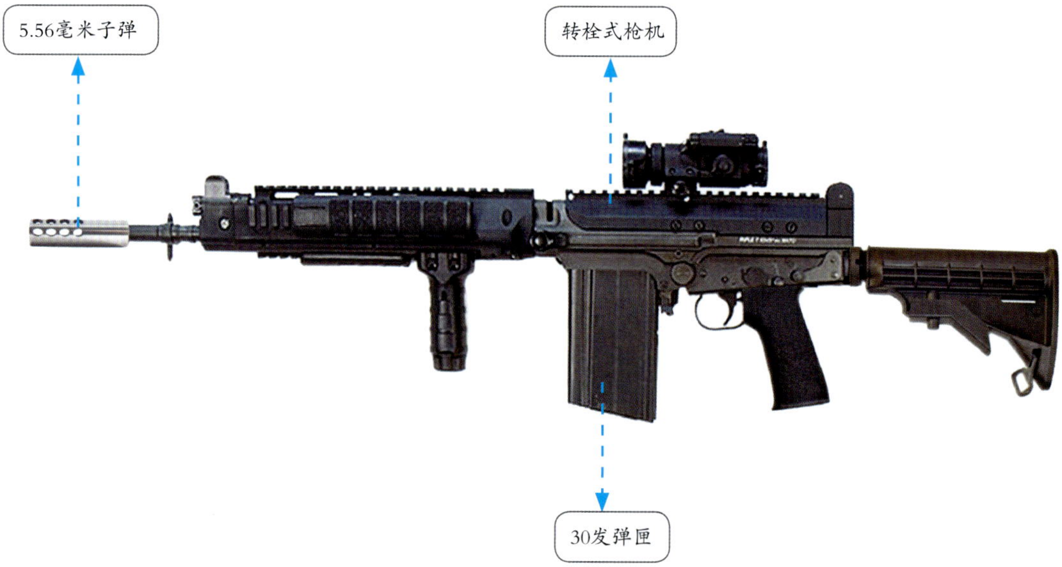

SC-2005是由秘鲁研制及生产的FN FAL升级型突击步枪。该枪发射口径较小的5.56×45毫米北约口径和口径较大的7.62×51毫米北约口径两种步枪弹。自2005年装备秘鲁至今，该枪也出口到多个国家。

▲ SC-2005突击步枪与其他衍生型步枪对比

趣味小知识

在游戏《使命召唤：幽灵》中，SC-2005突击步枪在故事模式中被敌军“联邦”（Federation）所使用。

▲ SC-2005突击步枪分解图

匈牙利AMD-65突击步枪

小档案	
口　径：	7.62毫米
全　长：	847毫米
有效射程：	300米
枪口初速：	720米/秒
弹容量：	20/30/40发

AMD-65是一款匈牙利仿自AKM的突击步枪，发射7.62×39毫米中间型威力枪弹，主要由30发弹匣供弹，但也有其他容量的弹匣可选。为了让整枪显得更加紧致，该枪的枪托设计成为向侧折叠。AMD-65突击步枪的枪口上装有一个特制的枪口制退器，该制退器同时具备降低后坐力的作用。

匈牙利AK-63突击步枪

小档案	
口　径：	7.62毫米
全　长：	880毫米
有效射程：	500米
枪口初速：	720米/秒
弹容量：	10/20/30/40发

AK-63突击步枪是匈牙利仿制的AKM突击步枪变型枪，1977年正式装备匈牙利军队，直至今日仍在生产。该枪曾参与伊拉克战争与黎巴嫩内战。冷战之后，该枪广泛出口到其他国家，其用户包括克罗地亚、伊朗、伊拉克等国。

加拿大C7突击步枪

小档案

口 径：	5.56毫米
全 长：	1006毫米
有效射程：	400米
枪口初速：	940米/秒
弹 容 量：	30发

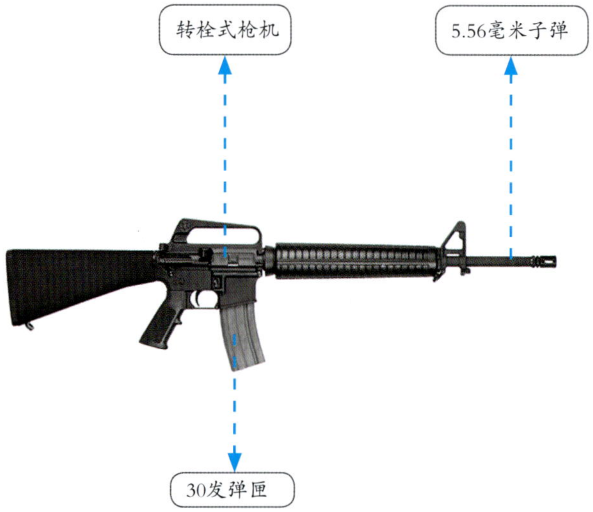

C7是加拿大柯尔特公司（Colt Canada）为加拿大军队生产的制式突击步枪，为M16突击步枪的衍生型。C7突击步枪的设计与M16突击步枪绝大部分相同，早期的C7为柯尔特生产，型号为M715。基本型的C7与柯尔特M16A1E1和M16A2相似。C7突击步枪除了被加拿大军队采纳为制式步枪外，其他使用者还包括英国特种空勤团（SAS）及英国皇家海军陆战队、丹麦军队（制式步枪）、澳大利亚特种空勤团（SASR）、荷兰海军陆战队。

西班牙CETME突击步枪

小档案

口 径：	5.56毫米
全 长：	925毫米
有效射程：	400米
枪口初速：	875米/秒
弹 容 量：	12/20/30发

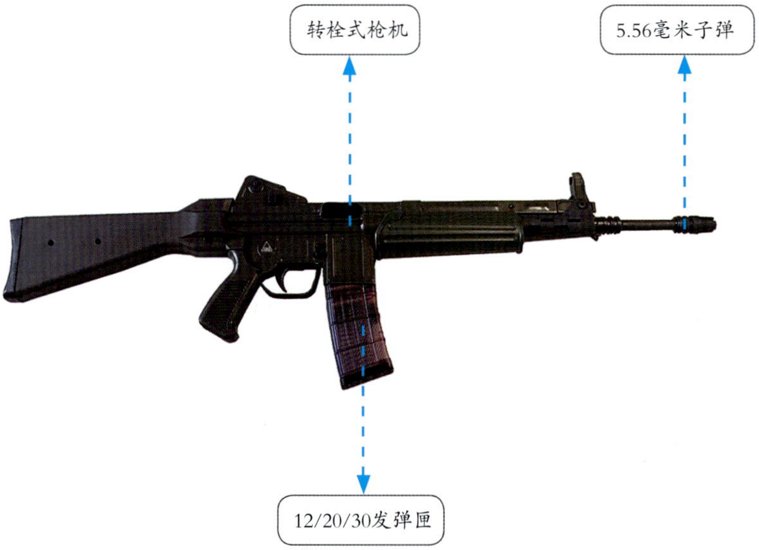

CETME突击步枪是一款由西班牙赛特迈公司（CETME）研制的滚轮延迟反冲式突击步枪。该枪曾为西班牙军队的制式步枪，1999年开始被HK G36E突击步枪逐步取代，在阿富汗战争和伊拉克战争中仍然能够看见该枪的踪影。

阿根廷FARA-83突击步枪

小档案

口　径：	5.56毫米
全　长：	1000毫米
有效射程：	300～500米
枪口初速：	980米/秒
弹容量：	30发

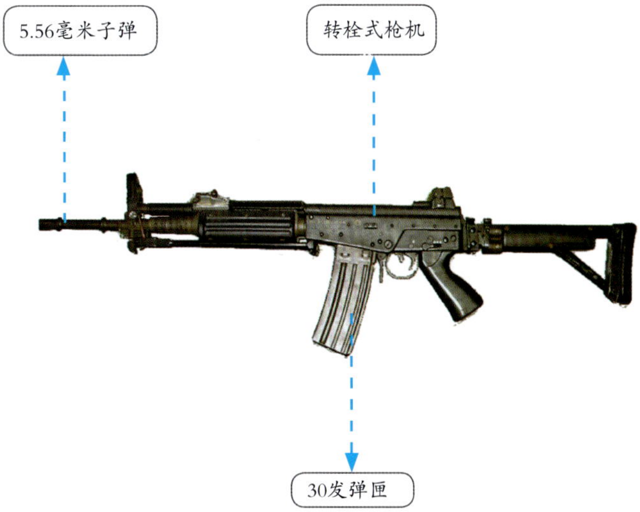

FARA 83 或 FAA 81 是阿根廷于 20 世纪 80 年代研发并装备的突击步枪，目前是阿根廷军队的制式步枪之一。FARA 83 突击步枪的设计受到以色列 IMI 加利尔突击步枪的影响，它与加利尔一样采用了折叠式枪托，并有一个用于弱光环境的氚光瞄准镜。早期型 FARA 83 使用伯莱塔 AR70 的 30 发弹匣，并具有一个可切换为半自动或全自动射击的扳机组。

墨西哥FX-05突击步枪

小档案

口　径：	5.56毫米
全　长：	1087毫米
有效射程：	200～800米
枪口初速：	956米/秒
弹容量：	30发

FX-05 “火蛇”是由墨西哥军队装备产业总局研制并生产的突击步枪，在 2006 年 9 月 16 日的阅兵仪式上亮相，装备于特种空中机动部队和特种部队小组（GAFE）。FX-05 突击步枪是世界上少有的使用多边形膛线的突击步枪，这种线膛消除了正常膛线的凹膛。虽然这种线膛制造起来更难，价格更加昂贵，但好处也显而易见——枪管寿命更长，且更加准确。

芬兰Rk 62突击步枪

小档案	
口 径：	7.62毫米
全 长：	914毫米
有效射程：	300米
枪口初速：	715米/秒
弹 容 量：	30发

Rk 62由芬兰瓦尔梅特公司及沙科公司生产，是芬兰国防军（FDF）的制式突击步枪，也是世界上以AK-47突击步枪改良而成的步枪中，制造数量最多、品质最佳的一款型号。再改良设计与再加工一向是芬兰小口径武器的长项与杰出的优点，芬兰人更愿意将精益求精的精神与标准花费在Rk 62步枪上，不论是材料品质与工艺水准乃至于工法上该枪都以最佳的水准进行设计、生产与制造。

芬兰Rk 76突击步枪

小档案	
口 径：	5.56/7.62毫米
全 长：	950毫米
有效射程：	300～400米
枪口初速：	960米/秒
弹 容 量：	15/20/30发

Rk 76突击步枪是由芬兰枪械制造商瓦尔梅特（Valmet）设计及生产的。该枪既是Rk 62突击步枪的衍生型，也是芬兰国防军（FDF）的制式突击步枪之一。除了可全自动射击的军用型，生产商也为民用市场生产了半自动版本。

芬兰Rk 95 TP突击步枪

小档案

口　径：	7.62毫米
全　长：	930毫米
有效射程：	300米
枪口初速：	715米/秒
弹容量：	30发

Rk 95 TP突击步枪是芬兰国防军的制式7.62×39毫米口径突击步枪，是针对Rk 62步枪而衍生出的新设计。该枪在枪身左侧将固定架锁定后就可以使用跨夹的方式安装使用。如果是执行夜间特种勤务或任务，原来的固定架还可以改加装Patria VV2000夜视镜与以射击瞄准协助。安装瞄准镜/夜视镜后，枪托上还可以扣夹托腮架协助射手瞄准。

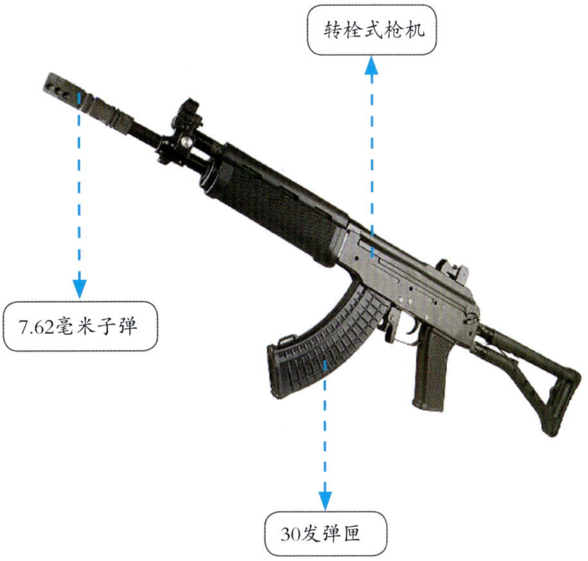

缅甸EMER K-1突击步枪

小档案

口　径：	5.56毫米
全　长：	700毫米
有效射程：	400米
枪口初速：	900米/秒
弹容量：	30发

EMER K-1是由缅甸自行研制的发射5.56×45毫米口径步枪弹的犊牛式无托结构突击步枪，目前被缅甸军队和警察少量采用，因经常发生卡弹和故障，所以没有受到军队和警察的青睐。EMER K-1突击步枪的内部构造与奥地利斯泰尔AUG突击步枪相似，外形则更像英国的SA80突击步枪，并附有类似于M16突击步枪的前准星。

澳大利亚“领导者”T-2突击步枪

小 档 案

口 径：	5.56毫米
全 长：	965毫米
有效射程：	450米
枪口初速：	790米/秒
弹 容 量：	30发

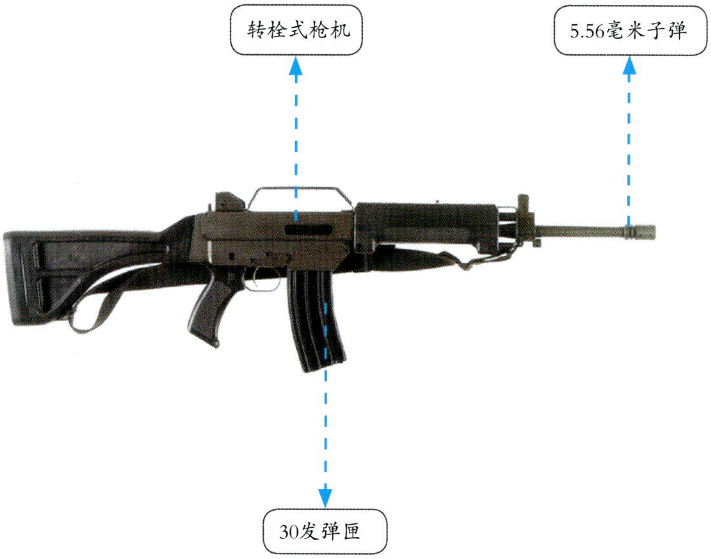

“领导者”T-2（Leader T-2）突击步枪是澳大利亚研制的一款5.56毫米口径突击步枪，设计师为查尔斯·圣乔治，由澳大利亚自动武器公司（Australian Automatic Arms）和先驱动力公司（Leader Dynamics）生产。该枪本是为澳大利亚军队研制，但后来输给了AUG突击步枪。

伊朗KH2002突击步枪

小 档 案

口 径：	5.56毫米
全 长：	780毫米
有效射程：	450米
枪口初速：	950米/秒
弹 容 量：	20/30发

KH2002是由伊朗国防工业组织研制的犊牛式突击步枪，其外形类似法国的FAMAS突击步枪，发射5.56×45毫米小口径步枪弹。叙利亚和乌拉圭等国都曾对引进该枪表示兴趣，然而在被叙利亚军队测试期间，10支样枪当中有8支发生了故障，令其最终落选。之后乌拉圭也失去了对该枪的兴趣。

日本89式突击步枪

小 档 案

口 径：	5.56毫米
全 长：	916毫米
有效射程：	500米
枪口初速：	920米/秒
弹 容 量：	20/30发

89 式步枪是日本丰和工业于 20 世纪 80 年代末研制的一款小口径突击步枪，日本自卫队于 1989 年开始配备前线及使用。另外，89 式突击步枪也在日本海上保安厅及日本警察的特殊急袭部队中配备及使用。

印度INSAS突击步枪

小 档 案

口 径：	5.56毫米
全 长：	960毫米
有效射程：	500米
枪口初速：	900米/秒
弹 容 量：	20/30发

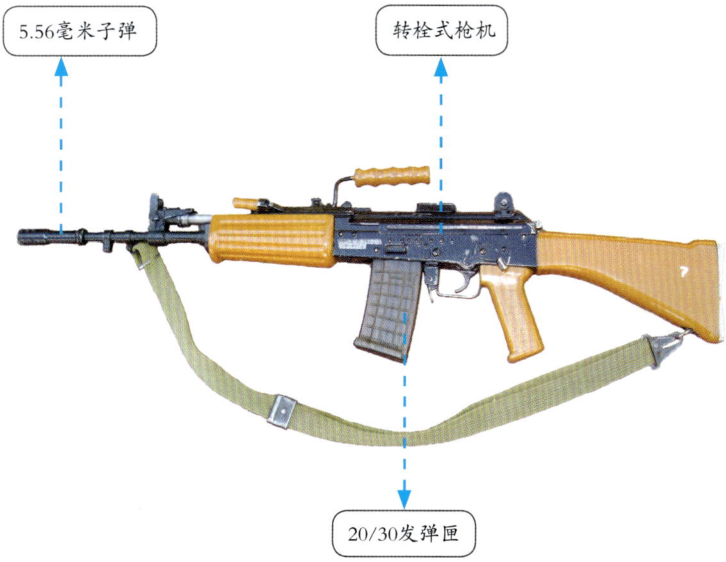

INSAS 突击步枪是印度陆军的现役制式步枪。值得一提的是，INSAS 没有全自动模式，只能使用半自动或三发点放射击。INSAS 突击步枪于 1999 年首次在卡吉尔战争中投入使用。由于印度军队在该枪第一次配发的时候并未建立 5.56 毫米口径子弹的生产线，所以当时他们配用的弹药是从以色列进口的。

印度"神剑"突击步枪

小档案

口 径：	5.56毫米
全 长：	895毫米
有效射程：	450米
枪口初速：	900米/秒
弹 容 量：	20/30发

"神剑"（Excalibur）突击步枪是印度在INSAS突击步枪基础上改进而来的，于2005年展出，其枪机部分与之前装备的INSAS突击步枪并无多大改变。印度陆军一位高级官员说："'神剑'步枪项目没有任何前途，因为印度陆军需要的是7.62×51毫米口径的武器，而'神剑'步枪的口径是7.62×45毫米。"

朝鲜58式突击步枪

小档案

口 径：	7.62毫米
全 长：	890毫米
有效射程：	300米
枪口初速：	710米/秒
弹 容 量：	30/40/75发（弹匣）/100发（弹鼓）

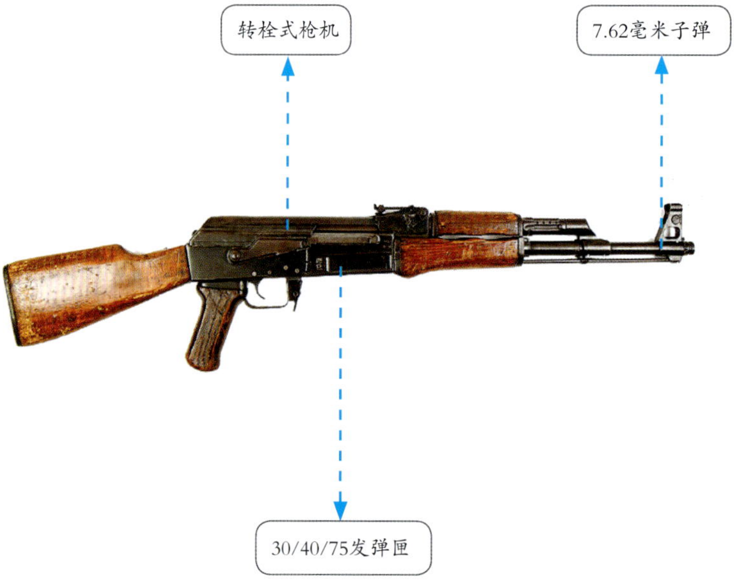

58式突击步枪是朝鲜仿制的AK-47突击步枪变型枪，于1958年开始仿制。与原版AK-47突击步枪相比，58式突击步枪拥有更轻的枪身，长度也比AK-47突击步枪长20毫米，其余部分与AK-47突击步枪完全相同。

第7章

光影中的突击步枪

电影、游戏等一系列媒体是我们了解世界武器的主要渠道，在很多国外的军事题材的影片中，很多突击步枪甚至成为与影星并驾齐驱的主角。本章详细介绍了多部有突击步枪出镜的电影，并对每一部电影的影片信息及剧情都做了简单描述。

◆《狂怒》

片名	《狂怒》（Fury）	首映日期	2014年10月17日
产地	美国、英国	类型	战争
时长	134分钟	票房	2.11亿美元（全球）
导演	大卫·艾亚（David Ayer）	编剧	大卫·艾亚
主演	布拉德·皮特、希亚·拉博夫、罗根·勒曼、强·柏恩瑟、迈克尔·潘纳、杰森·艾萨克、斯科特·伊斯特伍德		

▲《狂怒》电影海报

★ 剧情简介

电影讲述的是在 1945 年 4 月的欧洲战区，身经百战的美国陆军柯利尔上士（布拉德·皮特饰）昵称“战爸”，作为车长随着 4 名战友驾驶着代号“怒火”的战车，深入敌后与纳粹德国军队战斗并完成“5 对 300”的壮举。

▲ **《狂怒》电影剧照**

★ 幕后制作

《狂怒》剧组人员为了让影片看起来更真实，对片中细节的完美还原做到了无以复加的细致。在片中的每一个士兵的造型都是精心设计的，复原士兵原貌的化妆过程非常复杂，他们脸上混着的不仅是泥土，还有身旁战友的鲜血。而在影片的服装设计上，服装设计玛雅·梅舍德也十分严谨，剧组专程去柏林寻找 40 年代那会制作的旧衣服，所以电影里从每一粒纽扣到每一个挂钩都是真实原始的。

★ 枪械盘点

在电影《狂怒》中，出现次数最多的莫过于 StG44 突击步枪，该枪主要被柯利尔上士（布拉德·皮特饰演）和德意志国防军士兵所使用。

▲ **影片中出现的 StG44 突击步枪**

◆《黑鹰坠落》

片名	《黑鹰坠落》（Black Hawk Down）
产地	美国
时长	144分钟
导演	雷德利·斯科特（Ridley Scott）
首映日期	2001年12月28日
类型	战争、动作
票房	1.72亿美元（全球）
编剧	马克·包登、肯·诺伦
主演	乔许·哈奈特、伊万·迈克格雷戈、汤姆·哈帝、汤姆·赛斯摩、威廉·费区纳、埃里克·巴纳、山姆·薛帕德、奥兰多·布卢姆

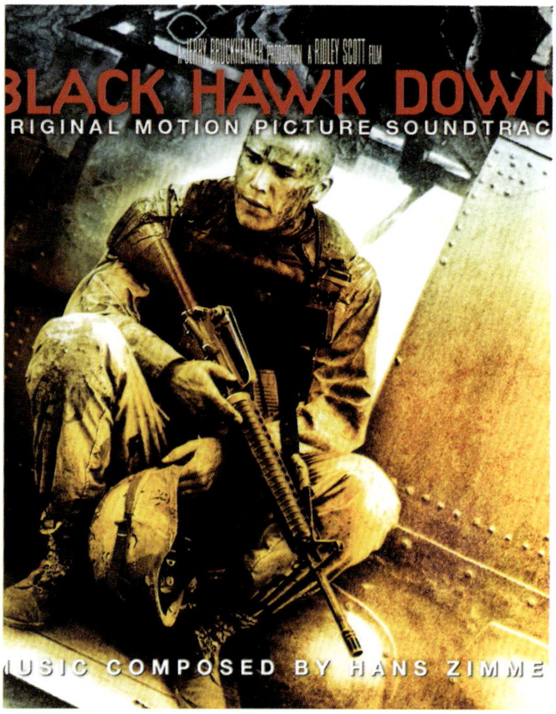

▲《黑鹰坠落》电影海报

★ 剧情简介

1993 年，威廉·加里森少将指挥的特种部队的任务是要捉拿当时索马里军阀艾迪德的两位重要手下。任务原本计划需要约半小时，由“三角洲”部队先逮捕两位目标后，再由丹尼·麦奈中校（汤姆·赛斯摩饰）指挥的“悍马”车队护送回营地。不料由克里夫顿·威考驾驶的“超级 61”“黑鹰”直升机遭到索马里民兵 RPG-7 火箭的攻击而坠机，使得在目标建筑物附近建立防线的“游骑兵”部队必须前往坠机地点检查有无生还者，结果演变成 15 小时的持久战斗。

▲《黑鹰坠落》电影剧照

★ 幕后制作

《黑鹰坠落》影片剧本曾经三易其稿，在正式开拍前，全体演员分别到美军的“三角洲”部队、“游骑兵”部队和“黑鹰”直升机基地参加为期两周的军训，还和摩加迪沙之战中阵亡者的战友和亲友交谈，以对所扮演角色加深了解。由于无法在索马里实地拍摄，全片是在摩洛哥完成的，得到了摩洛哥政府和美国国防部的全力支持，也使得影片能尽可能完整地再现当时的事件真相，连片中人物的姓名除当时仍在美军服役并付有特殊使命的之外，都采用了真实姓名。

▲《黑鹰坠落》电影画面

★ 枪械盘点

《黑鹰坠落》中出现了 M16、M16A1、M16A2 等突击步枪，其中 M16A1 出现在索马里的枪店，而 M16A2 则由美国陆军第 10 山地师与美国陆军第 75 游骑兵团所使用。

▲ 影片中出现过的 M16 突击步枪

《硬核大战》

片名	《硬核大战》（Hardcore Henry）
产地	美国、俄罗斯
时长	95分钟
导演	伊利亚・奈舒勒（Ilya Naishuller）
首映日期	2015年9月12日
类型	科幻、动作
票房	1400万美元（全球）
编剧	伊利亚・奈舒勒
主演	沙托・科普利、海莉・班奈特、丹尼拉・科兹洛夫思基、蒂姆・罗斯

▲《硬核大战》电影海报

★ 剧情简介

故事叙述亨利（伊利亚・奈舒勒饰）从死亡边缘幸存后，以超级特工的身份试图从火力强大的生化武器军人手中挽救他的妻子，同时他也必须提防自己的身份不被发现的故事。

▲《硬核大战》电影剧照

★ 幕后制作

2015 年 9 月 12 日，《硬核大战》在多伦多电影节上首映。STX 娱乐经过竞争以 1000 万美元取得了影片的全球发行权，成为该公司首部从电影节上获得发行权的电影。

▲ 《硬核大战》电影花絮照

★ 枪械盘点

在电影《硬核大战》中，曾出现同雇佣兵打斗的画面，当时雇佣兵所使用的枪械就是 AK 枪族中 AK-74 突击步枪的衍生型号——AK-74M 突击步枪。

▲ 电影中出现的 AK-74M 突击步枪

◆《敢死队3》

片名	《敢死队3》（The Expendables 3）
产地	美国
时长	126分钟
导演	帕特里克·休斯（Patrick Hughes）
首映日期	2014年8月15日
类型	战争、动作
票房	2.06亿美元（全球）
编剧	西尔维斯特·史泰龙
主演	西尔维斯特·史泰龙、阿诺德·施瓦辛格、梅尔·吉布森、哈里森·福特、杰森·斯坦森、李连杰、杜夫·朗格林、兰迪·寇楚、泰瑞·克鲁斯、安东尼奥·班德拉斯、韦斯利·斯奈普斯、凯西·葛雷莫、维克多·欧提兹、凯兰·鲁兹、龙达·鲁西、格伦·鲍威尔、罗伯特·戴维

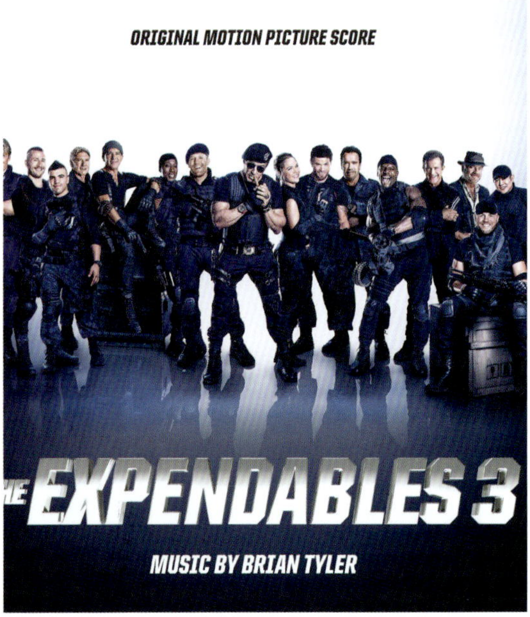

▲《敢死队 3》电影海报

★ 剧情简介

该片讲述了巴尼与克里斯马斯领衔的敢死队为了正面迎战昔日战友、现是军火枭雄的斯通·班克斯，给敢死队注入新鲜血液，招募更快更强的高科技战斗新生，准备展开一番大决战的故事。

▲《敢死队 3》电影剧照

★ 幕后制作

《敌死队 3》由澳大利亚导演帕特里克·休斯主导，这位导演由西尔维斯特·史泰龙钦点、曾拍摄过影片《红色山丘》，他同时联手资深导演丹·布拉德利共同执导。

▲ 《敌死队 3》演员合影

★ 枪械盘点

《敌死队 3》中出现过多种枪械，包括 HK G36 突击步枪、AA-12 霰弹枪、M4A1 卡宾枪、M134 机枪、M629 左轮手枪等，其中史泰龙在影片中就是使用的 HK G36 突击步枪。

▲ 影片中出现的 HK G36 突击步枪

参考文献

[1] 军情视点. 全球枪械图鉴大全. 北京：化学工业出版社，2016.

[2] 黎贯宇. 世界名枪全鉴（珍藏版）——突击步枪. 北京：机械工业出版社，2013.

[3] 布莱、翔嘉瑞文. 世界轻武器精粹——突击步枪（典藏版）. 北京：人民邮电出版社，2015.

[4] 深度军事. 突击步枪大百科. 北京：清华大学出版社，2015.